民用航空技术丛书

飞机应急撤离
仿真理论与建模方法

薛红军　张晓燕　著

航空工业出版社

北　京

内容提要

本书介绍了应急撤离仿真的基本知识，包括社会力、元胞自动机、多智能体等仿真理论和方法。基于这些理论和方法，本书采用系统工程的思路详细阐述了飞机应急撤离仿真的建模方法，包括人员行为模型、环境模型、动力学模型以及常规飞机布局和非常规飞机布局建模等。通过对常规布局的飞机如支线客机、大型客机等，以及非常规布局的飞机如双层布局飞机、翼身融合飞机等实际案例的建模和仿真，阐述了应急撤离仿真的方法、流程及评价结果分析。

本书可供航空公司工作人员、飞行器设计人员等航空领域的专业技术人员参考，同时也可作为高校航空人机环境工程和安全工程等相关专业的教材。

图书在版编目（CIP）数据

飞机应急撤离仿真理论与建模方法／薛红军，张晓燕著．--北京：航空工业出版社，2024．7．--ISBN 978-7-5165-3779-4

Ⅰ．V328.2

中国国家版本馆 CIP 数据核字第 2024KJ6746 号

飞机应急撤离仿真理论与建模方法
Feiji Yingji Cheli Fangzhen Lilun yu Jianmo Fangfa

航空工业出版社出版发行
（北京市朝阳区京顺路 5 号曙光大厦 C 座四层　100028）
发行部电话：010-85672666　010-85672683

北京富泰印刷有限责任公司印刷　　　全国各地新华书店经售
2024 年 7 月第 1 版　　　　　　　　2024 年 7 月第 1 次印刷
开本：787×1092　1/16　　　　　　字数：302 千字
印张：11.75　　　　　　　　　　　定价：88.00 元

前　言

在航空业日益发展的今天，飞行安全始终是公众关注的焦点。飞机应急撤离作为飞行安全中至关重要的一环，对于保障乘客的生命安全具有重要意义，是适航验证的重要一环，也是全机验证的关键环节。现有的应急撤离研究方法包括试验研究和仿真研究。在试验研究过程中，人员受伤的风险及高额的试验费用等问题限制了试验的频次、规模及风险环境设置，导致试验研究局限性较大。为了确保运输类飞机具备可靠的应急撤离能力，可采用计算仿真的方法对其应急撤离能力进行仿真分析，以提高运输类飞机安全性，且应急撤离仿真结果已经被证明可显著优化设计方案并逐步得到管理部门的认可。

《飞机应急撤离仿真理论与建模方法》一书正是在这样的背景下应运而生。本书致力于探索和研究飞机应急撤离仿真的理论和方法，旨在为运输类飞机提供一种可靠的、基于仿真的应急撤离评价及验证解决手段。本书的内容涵盖了飞机应急撤离仿真的基本理论、方法和技术。首先，我们介绍了应急撤离仿真的基本理论，包括社会力、元胞自动机、多智能体等仿真理论和方法；基于这些理论和方法，本书采用系统工程的思路详细阐述了飞机应急撤离仿真的建模方法，包括人员行为模型、环境模型、动力学模型、常规飞机布局及非常规飞机布局建模等。随后通过对常规布局的飞机如支线客机、大型客机等，以及非常规布局的飞机如双层布局飞机、翼身融合飞机等实际案例的建模和仿真，阐述了应急撤离仿真的方法、流程及评价结果分析。

本书的特点在于其系统性、实用性和前瞻性。系统性方面，本书从理论到实践，全面介绍了飞机应急撤离仿真的各个方面；实用性方面，本书提供了大量的实际案例和应用实例，读者可以根据书中的案例进行自由应用性扩展；前瞻性方面，本书关注了当前航空业的发展趋势和未来需求，为未来非常规布局飞机的应急撤离仿真研究提供了有益的参考。

我们相信，通过本书的学习和实践，读者将能够深入了解飞机应急撤离仿真的理论和方法，推动应急撤离仿真的研究，为飞行安全贡献自己的力量。同时，我们也希望本书的出版不仅能够推动航空业应急撤离仿真技术的发展和应用，而且可以为其他领域诸如大型建筑物内人员应急撤离、重要场所人员安全撤离和安全通道设计等提供帮助。

本书对于应急撤离仿真方法及建模过程的描述深入浅出，通俗易懂，有大量的工程实例，可供航空工作人员、飞行器设计人员等航空领域的专业技术人员参考，也可作为高校航空人机环境工程、安全工程等相关专业的教材。

由于著者水平有限，书中难免有纰漏和欠妥之处，诚挚期盼同行和广大读者批评指正。

目　　录

第1章 绪 论

1.1 飞机应急撤离的意义

飞机迫降成功后，最重要的过程就是存活的乘客如何能够快速安全地从飞机中撤离，这就是民机的应急撤离。据国际民航组织（International Civil Aviation Organization，ICAO）的统计数据，在 1998 年到 2007 年间世界范围内发生的飞机事故中，共有 8759 名机上人员死亡，1164 名机上人员受重伤，2012 名机上人员受轻伤，77249 名机上人员未遭受损伤，约 90%的乘客（8 万人）借助应急撤离的方式脱险生还。

为了保证乘客在飞机发生事故时能够以一定的效率撤离飞机，美国联邦航空局（Federal Aviation Administration，FAA）、英国民用航空局（Civil Aviation Authority，CAA）和中国民用航空局（Civil Aviation Administration of China，CAAC）等对影响撤离的一些飞机设计因素加以限制，如出口的数量、过道宽度等，并要求设计的飞机进行撤离适航符合性演示试验，在规定的假想撤离场景下于 90s 内能够撤离完毕，即俗称的"黄金 90 秒"。

然而，90s 适航符合性演示存在一些问题。首先，真人验证非常危险，特别是有大量参试人员参与的情境。如 1991 年 10 月，MD-11 飞机撤离适航演示时，一位 65 岁女性参试者从撤离滑梯上滑下时头部首先着地，引起永久性瘫痪；1972 年至 1991 年撤离适航演示统计结果表明，378 名参试者（约 6%）受到不同程度的损伤。其次，这种试验花销昂贵，现在的撤离适航演示平均需要花费 230 万美元，超过 4000 人参与，历时 3 年之久。基于上述限制因素，对于新研制的飞机，规章规定只需要进行一次撤离适航符合性演示。由于受到撤离过程参试者随机行为的影响，撤离结果并不能代表飞机的真实撤离性能。从使用角度讲，并不能证明是否满足要求；从设计角度讲，没有足够的指导信息使结构布置设计达到最优撤离效率。

为了弥补上述缺陷，国外通过分析现有飞机的撤离适航演示录像，在进行大量撤离影响因素试验的基础上，通过计算机对民机应急撤离过程进行仿真。仿真研究具有节约开发费用、缩短设计周期等优点。在检验飞机是否满足撤离适航要求的同时，可进一步指出乘员撤离时飞机客舱布置的瓶颈和缺陷所在，为改进大型飞机的设计提供参考。

随着我国航空工业的飞速发展，飞机应急撤离的相关研究既有重要的理论意义，也有重大的工程实用价值。

1.2 飞机应急撤离模型研究

在紧急突发事件发生后，最重要最直接的行为就是对现场人群进行应急撤离，而如何更加安全、更加有效地对人群进行应急疏散成为国内外许多专家学者研究的热点。近年来，国外研究机构开发出一些高水平的人员安全疏散模型，众多的安全工程师利用这些分析设计工具对各类人员的安全疏散方案进行评估，取得了令人瞩目的效果。如由美国 Francis 开发的预测最小理论疏散时间的网络模型 EVACNET，由 Stahl 开发的火灾行为模型 BFIRES-II，Alvord 开发的疏散与救援模型，还有 EXODUS、ASERI、AEAEGRESS、SGEM 等模型，可以描述空间内每个人的运动行为。目前，国外研究的热点主要聚集在大型建筑物中如何进行应急疏散，主要的研究趋势有以下三个方面。

（1）疏散模型的开发和模型预测能力的改进是疏散模型研究的明显趋势。模型中将包含更多的行为细节，更注重人的行为因素，考虑人的疏散行为及其对整体疏散时间的影响。目前在一些疏散模型的开发中，如中国香港的 SGEM 模型，重点考虑人的相互作用因素，能预测人的个体疏散行为并追踪个体疏散轨迹。此外，对前期开发的模型在其使用范围和功能上做了一些拓展，更加注重模型在模拟应急疏散、建筑安全设计和案例分析中的应用。

（2）疏散模型中注意各种因素对疏散的影响。人员在应急疏散时，经常会受到恐慌、焦虑心理的影响，因而在疏散过程中容易出现各种竞争，如拥挤、踩踏现象，导致人员不能有效地进行疏散，甚至由于疏散过程中的相互竞争，造成严重的人为伤害。此外，各种紧急事件常常伴有一些其他事件的发生，如火灾，除了有火灾对人的直接伤害外，物品燃烧产生的大量烟气也会使人感到不适，可能引起疏散人员呼吸困难，导致人员窒息中毒等。有些时候，不适当的疏散信息，可能误导疏散人员的撤离，延误疏散的时间，造成人员伤亡。因此，模型设计时需要考虑这些因素对人员应急疏散的影响。

（3）疏散模型在模拟应急疏散、建筑安全设计和案例中的分析。人员疏散的目的是改善空间布局安全设计，掌握人员在紧急事件中的行为特点及规律，从而有效地制订应急救援方案，提高应急救援能力，减少人员伤亡。国外在这些方面已经有许多成功的经验。通过分析现有的案例，模拟人员在紧急事件中的疏散情况，为应急指挥及救援人员开发了基于人员疏散模型的指挥和训练系统；通过模拟大型建筑等人口密集场所下的人员应急疏散行为，分析建筑的安全疏散设计性能，改善建筑的安全疏散设计方案；通过模拟人员在典型紧急事件中的疏散情况，总结人员的疏散规律，制订合理的人员应急疏散方案，制订全面的应急救援行动预案等。

在疏散模型的研究中，人员疏散模型的研究是整个模型的核心。人员疏散模型属于行人流仿真研究范畴。行人流仿真研究的主要内容是通过建立人流的仿真模型，研究人流的运动行为，这本身就是一个相当大的课题。目前，对于行人流的研究主要从宏观和微观两个角度进行研究。行人流的宏观模型有回退模型（regression model）、排队论模型（queuing model）、路径选择模型（route–choice model）、气体动力学模型（gas–kinetic model）和磁场模型（magnetic–field model）；微观模型有社会力模型（social–force model）和元胞自动机模型（cellular automata model）。其中社会力模型和元胞自动机模型模拟行人运动的效果最好。两个模型的主要区别在于它们对时间和空间的离散化处理上。社会力模型通过社会场（social field）来描述行人的微观运动，模型中的社会场主要用来描述个人的社会行为，这个场用牛顿力学中的运动方程构建，但又不完全符合牛顿力学原理，主要因为它不满足牛顿力学中的第三定律（即作用力与反作用力定律）。元胞自动机模型越来越受到国外研究学者的青睐，主要因为该模型直接利用易懂的行为规则来建立行人之间的相互作用模型，并且非常适于进行大规模的计算机仿真，仿真的速度也非常快。

1.3　国内外飞机应急撤离研究现状

最早关于应急撤离方面的研究文献是 1962 年 FAA 的 Hasbrook 教授发表的针对一起飞机事故迫降后乘客的撤离模式分析，文后对未来研究方向给出了 6 条建议。从此世界各地组织机构和研究人员对影响飞机撤离的因素进行了大量的试验研究，并试图从人群疏散理论上对飞机应急撤离过程进行仿真。主要分为三个方面，阐述如下。

1.3.1　飞机应急撤离调查试验研究

飞机发生事故时影响撤离时间和存活率的因素有很多，主要可以分为如下四个方面。

①客舱布置：这些因素如座椅、出口数量和位置等，是影响撤离出口可达性和撤离流量的主要因素；

②环境：这些因素如舱内毒气和热辐射，以及外部照明和天气等，将影响乘客生存性和撤离时间；

③撤离方案：包括乘务员和其他救援人员的经验和训练；

④乘客撤离行为：包括乘客的心理、生理和文化等属性会影响撤离过程中的行为，如性别、年龄、经验和健康状态等。

下面按地区对飞机应急撤离调查试验研究现状进行分述。

（1）美国

1974 年，美国国家运输安全委员会（National Transportation Safety Board，NTSB）发布了关于飞机应急撤离安全方面的研究，此项研究调查了发生应急撤离的 10 起飞机事故。研究结果提出了 10 条关于撤离滑梯、应急灯、乘务人员在撤离中的责任和向乘客传递安全信息等方面的建议。

1981 年，NTSB 进行了大型运输机客舱安全方面的研究。研究主要集中于现有适航条令在座椅及约束系统，以及其他客舱内饰等方面的约束不足问题。研究结果表明，设计失败的座椅系统及客舱内饰将影响乘客迅速撤离，从而增加飞机发生事故后各种因素如火、烟等引起的死亡率。

1985 年，NTSB 发表了两项关于撤离问题的研究。第一项是检查航空公司水上撤离设备和程序。NTSB 研究了从 1959 年至 1984 年共 16 起飞机紧急着水事故。大部分事故是由于飞行员粗心引起，发生时无任何前兆，机体损坏严重，客舱迅速灌水，损伤概率较高。研究结果表明，需要改进救生衣设计、存放位置、可达性及易充气性，乘务人员事故后生存训练，以及邻水机场水上救援计划等。

同年，NTSB 回顾了航空公司指示乘客安全信息所使用的方法，第一次系统地研究了提供给乘客安全信息的内容和方法，分析了语言指导、示范、安全卡和视频指导的优缺点。研究基于 21 起事故调查，调查表明，乘客安全卡的内容为影响生存的一项基本因素。针对这些研究结果，FAA 开展了关于安全卡信息内容的最低涵盖范围的研究。

NTSB 于 1992 年完成了一项关于机组成员训练的调查报告。调查发现，缺少 FAA 检查员对训练的监督措施，特别是对机组成员的定期训练的监督。还发现一些机组成员不熟悉应急撤离程序和设备，大多数航空公司没有存放紧急设备的标准位置，不限制机组成员可使用飞机类型数量等问题。1992 年的报告还发现，大多数航空公司在定期训练中并没有进行撤离训练。NTSB 根据以上结果向 FAA 提出了几条建议来改进机组成员在紧急情况下的操作。

除了上述研究外，NTSB 还针对乘客生存方面进行了一系列研究。

此外，美国还有一些组织对飞机应急撤离方面展开了研究。1981 年 FAA 进行了一项关于应急灯位置对撤离影响的试验，试验结果表明，将应急灯和指引标志安装在客舱较低处可以在浓烟环境下提高乘客撤离率。

1989 年 FAA 针对乘客防护呼吸设备（passenger protective breathing equipment，PPBE）对Ⅲ型和Ⅳ型出口撤离性能的影响进行了试验研究，试验结果表明出口尺寸对撤离所需时间影响很大，PPBE 对撤离时间影响与出口尺寸有关。

由于出口位置、过道宽度、隔板宽度、座椅密度等是影响飞机出口可达性，进而影响能否成功撤离的设计因素，国外在这方面进行了大量的研究工作。

1989 年，FAA 的航空医学研究所（Civil Aeromedical Institute，CAMI）针对翼上Ⅲ型出口处过道宽度（前排座椅靠背最后点与后排座椅坐垫最前点水平距离）对撤离的影响进行了一系列试验。试验要求受试者在 4 种不同情况下打开出口或者从出口撤离：6in① 无阻碍过道宽度，10in 无阻碍过道宽度，20in 过道宽度（后排座椅遮挡出口 5in），以及后排座椅遮挡一半出口并且去掉靠窗座椅。研究结果表明，20in 过道宽度和去掉靠窗座椅两种情况撤离效率高于 6in 过道宽度情况。但四种情况的出口打开时间基本不受影响。基于这次试验结果和 1991 年发生的一架波音 737 飞机在洛杉矶国际机场跑道与一架 Skywest

① 1in（英寸）≈25.4mm。

4

Metroliner 飞机相撞事故，FAA 发布了规章修订通告（Notice of Proposed Rulemaking，NPRM），要求航空公司将翼上Ⅲ型出口处过道宽度由 6in 增加到 20in。

工业界对此变更要求的必要性提出了质疑，于是 CAMI 于 1992 年又进行了一次试验，该试验中要求受试者在 4 种不同情况下使用翼上Ⅲ型出口进行撤离：10in 无阻碍过道距离（前排座椅后背向前倾斜 15°），10in 无阻碍过道距离（双联排座椅代替三联排座椅），20in 过道宽度（后排座椅遮挡出口 5in），连续三个 6in 过道通向两个Ⅲ型出口（去掉靠窗座椅）。研究者最后得出结论，20in 过道宽度情况下的出口总撤离时间、出口打开时间和乘客出口撤离时间均是最快的。但没有说明 20in 过道宽度情况是否是最优情况。

基于上述研究，FAA 于 1992 年 5 月 4 日发布了 FAR 25.813 部分内容，将出口宽度限制增加为 20in。一些航空组织和航空公司提出建议，希望对过道宽度 6~20in 之间的距离进行一系列试验，找到撤离效率可以替代 20in 过道宽度的情况。为了检查这种可能性，CAMI 于 1995 年又进行了一系列试验，研究翼上Ⅲ型出口处 5 种过道宽度情况和 3 种座椅遮挡出口情况对撤离效率的影响。研究者得出结论，较窄的过道宽度（6in 和 10in）的撤离效率要低于较宽的过道宽度（13in、15in 和 20in）。FAA 接受了上述研究结论，于 1995 年 1 月 30 日发布 NPRM，同意将出口过道宽度限制改为 13in，如图 1-1 所示。

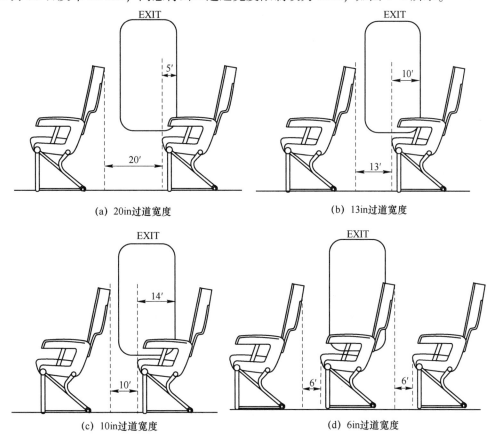

图 1-1　翼上Ⅲ型出口处过道布置方案（单位为 in）

此外，FAA 于 1999 年进行了一项关于出口高度对撤离影响的试验研究，试验结果表明，当出口至地面的辅助设施是撤离滑梯时，出口高度过低将会严重影响出口通过时间。

从 2001 年至 2004 年，FAA 针对翼上Ⅲ型出口又进行了一系列试验，以确定影响翼上Ⅲ型出口的主要因素，并对主要影响进行了深入分析。图 1-2 为波音公司用于波音 737 NG 系列的新型翼上Ⅲ型出口。随着时间的推移，FAA 开始在联邦航空条例（Federal Aviation Regulation，FAR）中增加并完善了关于撤离设施和撤离要求方面的内容，逐步形成了现在的条例内容。

图 1-2　波音 737-600/-700/-800/-900 新型翼上Ⅲ型出口

（2）英国

由于英国曼彻斯特波音 737 飞机起火事故，从 1987 年开始，英国民用航空局（CAA）委托克兰菲尔德（Cranfield）大学进行了一系列关于座舱安全方面的试验。1989 年，开展了紧急情况下乘客行为和客舱布置对撤离率的影响研究。飞机客舱布置分别在乘客竞争撤离（如真实事故火灾威胁情况）和有序撤离（如撤离适航验证情况）情况下进行评估。研究结果建议，隔舱壁处过道宽度应大于 30in，翼上出口处过道宽度（前排座椅靠背最后点与后排座椅坐垫最前点水平距离）应为 13～25in。

CAA 还委托 Cranfield 大学研究翼上Ⅲ型出口重量和出口处座椅布置对乘客操纵Ⅲ型出口的影响。研究结果表明，为减少操纵Ⅲ型出口时间，除需要增加座椅空间外还需要减少出口重量 50%以上。另外，这种影响对女性要比男性明显。

CAA 委托 Cranfield 大学的第三项研究是在竞争和有序两种情况下，乘务人员对乘客撤离的影响。研究结果表明，乘务人员行为和数量对撤离率和乘客行为均有重大影响。另外，撤离时间前部出口要快于后部出口。

1996 年 Cranfield 大学进行了一项关于客舱过道布置和内部/外部灯光对撤离效率的影响试验，过道布置采用传统的"直线"过道和"弯曲"过道两种形式，试验时通过奖励的办法使参试者表现为竞争撤离和有序撤离两种行为。试验结果表明，高效的撤离需要"直线"过道布置和良好的内部/外部照明条件。

除了 Cranfield 大学的研究外，其他组织对紧急撤离时人素方面的影响也进行了研究。

（3）加拿大

1995 年，加拿大运输安全委员会（Transportation Safety Board，TSB）对 1978 年至 1991 年在加拿大注册的飞机或在加拿大发生事故的国外飞机共计 21 起事件进行了调查。研究结果建议，增加机组成员呼吸保护装置，重新评估撤离滑梯、广播系统、机组成员训练和非计划紧急撤离乘客指令等。

（4）日本

日本民用航空局（Japanese Civil Aviation Bureau，JCAB）在关于紧急撤离和减少损伤方面于 1993 年和 1996 年进行了两项研究，1993 年开发了标准信息模块用于乘客指令系统，1996 年明确了出口处乘客和乘务人员的责任。

1.3.2　撤离适航规章要求

撤离适航验证是 FAA 用来评估飞机紧急撤离能力的一项验证，CAA 要求与 FAA 类似。这项要求始于 1965 年，作为一种用来评估航空公司紧急训练程序的方法。1967 年，要求扩大到了飞机制造厂商。从那时开始，这项要求做出很多改动（见表 1-1）。现在，FAA 要求这项验证满足 FAR 23 部（小于 44 座飞机）或 25 部（大于等于 44 座飞机）。另外，FAA 还要求航空公司对大于等于 44 座的飞机按照 FAR 121 部进行撤离适航验证。

表 1-1　FAA 撤离演示要求改动历程

修正案编号	生效日期	改动内容
121-2 号修正案	1965 年 3 月 3 日	要求航空公司参照 FAR 121 部进行全尺寸撤离演示，使一半的出口在 120s 内撤离完毕。适用于新型号飞机、客舱布置有较大变化或乘客座椅数量增加大于等于 5% 的情况
25-15 号修正案	1967 年 10 月 24 日	要求参照 25 部的飞机制造厂商对大于等于 44 座的飞机进行全尺寸撤离演示，撤离时间不能超过 90s。对于乘客座椅数量增加不超过 5% 的客舱布置变化，可使用分析手段代替全尺寸撤离演示

表 1-1（续）

修正案编号	生效日期	改动内容
121-30 号修正案	1967 年 10 月 24 日	修订 121 部将撤离时间限制为 90s 以内
25-46 号修正案	1978 年 12 月 1 日	修订 25 部，修改 25 部撤离演示条件与 121 部条件兼容，移除分析手段只适用于容量增加不大于 5%范围条件限制，要求 FAA 管理者赞成使用分析手段
121-149 号修正案	1978 年 12 月 1 日	修订 121 部，直接接受飞机制造厂商的撤离演示结果，允许操作者使用部分撤离演示来满足训练要求
FAA 25.803-1 号咨询通告	1989 年 11 月 13 日	出版撤离演示的详细指导原则
25-72 号修正案	1990 年 8 月 20 日	将 25.803（c）部分撤离条件移至附录 J 部分
航空规则制订与咨询委员会（Aviation Rulemaking and Advisory Committee，ARAC）报告 *Emergency Evacuation Requirements and Compliance Methods that Would Eliminate or Minimize the Potential for Injury to Full Scale Evacuation Demonstration Participants*	1993 年	FAA 法规 ANM 98-2 背景材料
25-79 修正案	1993 年 9 月 27 日	修订 25 部附录 J 中乘客年龄/性别比例，允许使用斜坡或台子等辅助乘客从机翼上撤离至地面，禁止飞行人员在撤离演示中起积极作用
FAA 法规 ANM 98-2	1998 年 3 月 17 日	强调适航验证时使用分析手段代替全尺寸撤离演示，减少参试者损伤
AC 25.803 1A 号咨询通告	1998 年 8 月 31 日	移除了改进型飞机客舱座椅数量增加大于 5%的情况下需要进行全尺寸撤离演示的要求，移除了全尺寸撤离演示中情况说明语言为特定语言的要求，增加了分析与验证数据内容

表 1-1（续）

修正案编号	生效日期	改动内容
FAA C69c, Emergency Evacuation Slides, Ramps, Ramp/Slides, and Slide/Ramps	1999 年 8 月 18 日	要求撤离滑梯制造厂商按照 25.803 和 AC 25.803 1A 要求进行滑梯撤离率试验，滑梯撤离率从每分钟每道 60 人增加至 70 人
25-117 号修正案	2004 年 12 月 17 日	修订 25 部附录 J 部分内容，外部灯光照明水平从暗夜条件改为不超过 0.3ftc①，要求舱门和窗帘处于起飞时状态。可在试验开始前放下应急滑梯

FAA 要求飞机制造厂商对新型号飞机，或者现有飞机客舱布置变化较大和增加座椅数量较多的飞机进行全尺寸撤离适航演示。全尺寸撤离适航演示是指在一定的环境条件（FAR 25.803）的情况下，在只有一半出口可用时，机上满座乘客模拟紧急情况进行的撤离。受过训练的乘务人员指引撤离，乘客按照一定的年龄/性别分布（FAR 25 附录 J）。为了能够通过全尺寸撤离适航验证，所有乘客和机组成员必须在 90s 以内撤离完毕。

全尺寸撤离适航演示结果代表着一些操作要求，比如撤离演示时乘客数量是后续同类机型的最大允许载客数量，客舱布置与演示用客舱布置相比不能改动太大。另外，机上乘务人员数量和位置以及撤离程序不能单方面随意更改。如果需要进行任何这方面的改动，需要通知 FAA，可能会被要求重新进行全尺寸或部分撤离适航演示以表明飞机客舱安全水平没有降低。

20 世纪 90 年代初，全尺寸适航演示由于对参试者可能造成损伤而受到飞机制造厂商的质疑。NTSB 认为损伤确实存在，特别是 1991 年 12 月 26 日，MD-11 飞机撤离适航演示时发生了一例严重损伤情况，但统计结果表明受到损伤的参试者所占的比例还是较小的，所以仍然同意 FAA 的观点，认为全尺寸撤离适航演示是证明飞机撤离能力强弱的一种方法，并且在过去的撤离适航演示中发现了撤离滑梯存在的问题，机上乘务人员的数量和位置也进行了很大的改进。

FAA 允许飞机制造厂商使用以前的撤离数据或者部分子系统撤离试验结果来代替全尺寸撤离适航演示来验证飞机达到适航要求。子系统验证主要用于以前没有验证过的设备（如新设计的撤离滑梯）安装到现有飞机或改进型飞机上。子系统验证类似于全尺寸撤离演示，但涉及的范围较小。子系统验证结果数据常用来与已知的数据一起对撤离进行分析。这些分析方法使用出口处平均乘客流量、滑梯准备时间和出口打开时间来验证乘客可以在 90s 内完成撤离。早期，FAA 只允许在乘客座椅数量增加不超过 5% 的情况下使用这

① 1ftc（英尺烛光）≈10.76lx（勒［克斯］）。

种方法。1998 年以后，FAA 去掉了 5%的限制。

与飞机撤离相关的最新修正案是 2004 年生效的 25-117 号修正案，主要对 25 部附录 J 部分内容进行了修订，最大的变化是允许外部灯光照明水平从暗夜条件改为不超过 0.3ftc，并且可在试验开始前放下应急滑梯。这些措施主要是为了减少参试者遭受损伤的概率。

1.3.3　飞机应急撤离仿真研究

由于撤离适航演示试验费用较高，并且参试者存在一定的损伤风险，所以在适航规章中只要求进行一次试验来表明满足规章的 90s 要求即可，由此可获得试验撤离时间值，但这个值并没有代表性，同样的客舱布置，同样的撤离人群，甚至同样的位置分布，进行多次撤离试验结果并不相同，这与人在撤离过程中的行为随机性有关，因此并不能说"某型号飞机撤离时间为 78s"，只能说飞机在 78s 内撤离完毕发生了一次，如果多次重复进行撤离试验，其撤离时间值分布应类似于图 1-3 所示。

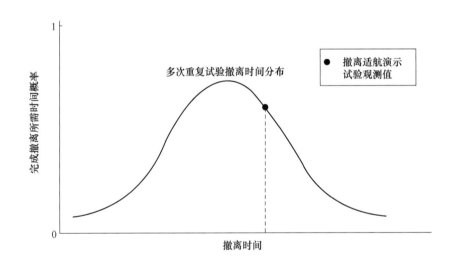

图 1-3　给定飞机/人群/场景的总撤离时间假想分布曲线

撤离适航演示试验观测值可能位于曲线上任何位置，由于不确定性，会引起如图 1-4 所示情形，即"撤离效率较高"的飞机撤离适航演示试验时间超过了 90s，而"撤离效率较低"的飞机撤离适航演示试验时间满足规章 90s 要求。

为了解决上述问题，一些学者提出，使用计算机对飞机应急撤离进行仿真作为满足撤离适航演示要求的方法，并大力推进撤离仿真在撤离适航演示中的作用。

用于航空领域最早的飞机应急撤离模型是 1970—1980 年 FAA 开发的通用仿真系统（General Purpose Simulation System，GPSS），至 2008 年，共发表有 8 种飞机应急撤离仿真模型，如表 1-2 所示。

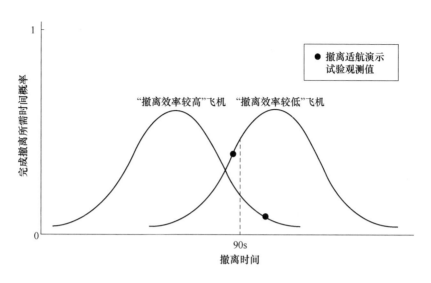

图 1-4　飞机撤离时间分布比较

表 1-2　现有飞机应急撤离模型

时间	开发机构	模型
1970—1980 年	FAA	通用仿真系统（General Purpose Simulation System，GPSS）
1987—1992 年	Gourary Associates	Gourary Associates（GA）模型
1990—1994 年	航空研究协会（Aviation Research Corporation）	AIREVAC/ARCEVAC
1994—1996 年	Cranfield 大学	MACEY 风险评估模型（Macey's Risk Assessment Model）
1996—1996 年		Oklahoma 面向对象模型（Oklahoma Object Orientated Model）
1989 年至今	Greenwich 大学防火工程组	EXODUS
2001 年至今	Strathclyde 大学数学系	Robbin 离散元素模型（Robbin's Discrete Element Method，DEM）
2008 年至今	Buffalo 大学	VacateAir

使用计算机对飞机撤离能力进行验证虽然还没有得到 FAA 认可，但工业界已经认为使用计算机仿真撤离在撤离适航演示中起到了一定的作用。

民机应急撤离的研究成果，使民机客舱安全性有了很大提高，近期最典型的应急撤离技术应用成果是 2009 年 1 月 15 日一架迫降于美国纽约附近哈德逊河上的 A320 飞机，利用应急撤离技术，全部 100 多名乘客安全、快速撤离，无一伤亡。

国内早期由于新型民机的型号研制较少，需求不大，故飞机应急撤离方面研究较少，中国民航大学对中国境内发生的飞机事故进行过统计研究，主要涉及飞机的安全性，针对飞机应急撤离方面的调查非常少。

中国民用航空局针对国内航空制定了与 FAR（Federal Aviation Regulation，美国联邦航空条例）和 JAR（Joint Aviation Regulation，欧洲联合航空要求）相似的规章 CCAR（China Civil Aviation Regulation，中国民用航空规章），对国内民机的安全性进行约束，其中也含有对设计的民机进行撤离适航的要求。国内民机制造厂商曾做过支线飞机的适航撤离演示试验，但对试验影响因素没有进行过系统分析。

西北工业大学薛红军团队自 2006 年开始对大型客机、ARJ 等机型的应急撤离仿真进行研究。设计并开展了应急撤离时行人撤离速度与时间影响因素的研究试验；开展了 ARJ21 系列客舱设计的应急撤离仿真工作；设计并开发了应急撤离仿真分析软件，能够实现大型客机、大型运输机以及非常规布局飞机等的应急撤离仿真与优化设计。

1.3.4 飞机撤离影响因素

结合国内外研究学者的试验和仿真结果得出的结论，我们可以总结出一些影响民机应急撤离时间的因素，这些因素主要表现在撤离人员生理因素方面，下面我们具体分析这些因素为何会影响应急撤离。

1.3.4.1 乘客生理影响因素

（1）年龄

在应急状况下，年龄的影响主要体现在对灾害的处理能力、对周围事物的感知和辨识能力，以及应急撤离的撤离速度等方面。通常情况下，青壮年群体的行动速度要普遍高于老年群体和幼年群体，如火灾和恐袭，青壮年群体会加快速度撤离或者帮助其他群体加快撤离，在应急条件下更能掌控主动权，而老幼群体大多处于被动状态，需要进行优先救援。

（2）性别

许多研究表明，大部分男性在生理上较女性强壮，心理上较冷静、理性，在应急灾难到来时，男性人员会尽快找到灾难源头或者尽快找到撤离出口解除危险状态。大部分女性在应急条件下惊慌失措，会积极寻求他人帮助，对突发事故的敏感度较低。

（3）身体状况

身体因素如残障、怀孕等也会对应急撤离速度产生影响，该类群体的行动速度可能远小于普通人群。如腿部残障人群，不仅行动速度较普通人群缓慢，行动也会受到环境影响，如避障、避让等行为会阻碍残障人群的行动，在感知、判断和决策过程中耗费更多的精力和时间。另一方面，人的头脑清醒程度影响其对周遭环境的判断，获取信息效率低下会导致做出错误决策的概率较高，危险程度较大，从而降低安全撤离的概率。

1.3.4.2 乘客心理因素

除了已试验分析的人体生理因素，还有众多学者深入探讨了心理因素的作用。早在 1990 年，Muir 就利用奖励机制，针对不同心理因素进行试验，旨在研究机舱内烟雾对乘客疏散的影响。其研究揭示，受试者的心理因素与主过道区域布局存在一定关联。两年后，Muir 重新审视了先前的研究方法，他选择了 669 名受试者，进行了 32 场包括竞争与非竞争模式的撤离试验。进一步分析试验中出现的堵塞现象后，Muir 发现，当主过道区域宽度为 13in 和 18in 时，受试者在撤离过程中更易出现拥塞。对此，Muir 等人从受试者的心理因素角度进行了分析：在较窄的主过道宽度下，受试者更倾向于后退等待撤离，使得主过道区域内始终保持单人撤离的状态。

此后，Fennell、McLean、Muir 等人为了进一步激励受试者展现出最佳的参与表现，采用了奖励机制来激发他们的竞争与合作意识。这些研究一致表明，心理因素对整体撤离效率具有显著影响，心理因素大致可分为以下几种。

（1）恐慌心理

应急疏散的恐慌因素主要包括疏散过程中的不可预见性和不确定性，以及可能面临的危险和伤害。当飞机发生火灾、机械故障等紧急情况时，乘客可能会感到恐慌和不安，尤其是在短时间内无法确定安全出口和疏散路线的情况下，更容易引发恐慌情绪。此外，飞机内部空间的局限性以及乘客密度较大也会增加恐慌程度。因此，在飞机应急疏散过程中，保持冷静、听从机组人员的指示有序疏散是至关重要的。同时，航空公司也应该加强乘客的安全宣传和教育，增强乘客的应急疏散意识和能力，以减少恐慌情绪对疏散过程的影响。

（2）从众心理

在应急疏散过程中，部分乘客可能由于主观判断能力较弱，容易受到周围人群的影响，盲目跟随人流移动。如果遇到对交通工具内部结构布局较为熟悉的乘客，就可以在其带领下与其他乘客一起找到最佳的疏散路径和安全出口，从而减少疏散时间，有序地撤离，降低自身财产损失。然而，如果遇到盲目带队的乘客，可能会进一步增加其他乘客的恐慌程度，使人更加冲动，导致疏散过程失控，降低安全逃生的概率，使火灾事故引起的损失无法估计。但是本研究中的非常规布局客机以 BWB 翼身融合布局客机作为典型研究对象，该机型尚未应用于现代交通中，少有人熟悉内部构造，因此，在飞机应急疏散过程中，每个乘客都应该保持冷静，独立思考，选择最佳的疏散路线，以确保自身和其他乘客的安全。

（3）竞争行为

应急撤离中的竞争心理主要源于人类的求生本能。在紧急情况下，人们会本能地为了自身的安全而争先恐后地逃生。此外，恐慌和紧张情绪也可能促使人们产生竞争心理。在这种情况下，人们会失去理智，只关注自身的安全，而忽视他人的需要，造成撤离过程中不必要的伤亡。

（4）社会道德因素

社会道德因素是飞机应急撤离中少有考虑到的心理影响因素之一。"泰坦尼克号"沉船事件对全球而言都是个巨大的灾难，无数乘客在巨轮撞上冰山后遇难。在这无数遇难者中大部分性别其实是男性，根据前文的分析我们可能会以为男性在求生和应急处理这方面占尽优势，应该在灾难中有很大概率存活，但事实是沉船事件中女性和老幼率先得到救援，男性青壮年把更多的生存机会给予了其他人群，因此在幸存者中多为女性和老幼群体。因此社会道德因素可能会极大地影响其他群体的应急撤离成功的概率。在民用飞机的应急撤离过程中，生理占据优势的乘客可能会协同其他群体乘客合作撤离而不会表现得非常具有竞争力，当遇见其他弱势群体乘客时可能会产生避让行为，减缓自身行动速度。协助他人的行为可能会增加弱势群体撤离速度，从而率先撤出老幼群体。

1.3.4.3 其他影响因素

（1）行人所处位置

在飞机发生火灾后，乘客的疏散速度和行为会受到他们在机舱内位置的影响。靠近火源的乘客会立即感受到危险，并做出应激反应，迅速远离火源并寻找紧急出口，以加快逃生速度。同时，他们还会实时传递火灾信息，让其他乘客做出各自的判断并撤离现场。而离火源较远的乘客则可能会先收集信息，判断信息的准确度，然后做出决策，产生相应的应急疏散行为。因此，无论乘客在机舱内的位置如何，他们都应该保持冷静，迅速做出判断，并按照机组人员的指示进行疏散，以确保自身安全。

（2）对飞机内部构造熟悉程度

部分乘客由于经常乘坐飞机或对飞机内部结构较为熟悉，在发生突发事故时，能够保持头脑清醒，迅速找到安全出口，快速疏散到安全区域。责任心较强的乘客还会积极采取紧急措施，寻找灭火器或其他可利用的物品进行灭火，并组织其他乘客远离火源，安抚他们的情绪，听从机组人员的安排，有序疏散，以减少疏散时间。然而，如果乘客对飞机内部结构不了解，面对火灾等突发状况时，可能会表现出惊慌失措，判断能力和处置能力下降，盲目跟从其他乘客或做出不利于疏散的行为。因此，无论乘客对飞机内部结构的熟悉程度如何，都应该保持冷静，尽快找到安全出口，并按照机组人员的指示进行疏散，以确保自身安全。

（3）过道宽度对飞机应急撤离影响

在飞机紧急撤离时，过道宽度对撤离速度和安全性有着直接的影响。过道宽度过窄，可能导致紧急撤离时人员拥挤，增加事故发生的风险。而过道宽度过宽，则可能导致人员在紧急情况下难以迅速找到座位并安全就座。

根据相关研究，过道宽度对飞机应急撤离的影响主要表现在以下几个方面：

①撤离速度：过道宽度过窄会限制人员通过的速度，使撤离时间延长。而较宽的过道则可以加快人员通过的速度，缩短撤离时间。

②人员流动：过道宽度过窄会导致人员在紧急撤离时无法快速、有序地流动，甚至可能发生推挤、踩踏等情况，增加事故风险。

③寻找座位：过道宽度过宽可能会使乘客在紧急情况下难以迅速找到座位并安全就座。这会延迟整个撤离过程，并可能增加事故风险。

第2章　飞机应急撤离建模方法

2.1　飞机应急撤离建模方法分类

现有撤离模型从本质上可以分为两类：一类仅仅考虑人的运动；另一类试图将人的运动与行为联系起来。

只考虑人类运动的模型可以看作"滚珠"（ball-bearing）模型（也指环境决定论），认为人是对外部环境做自动反应的无思想的个体。这种模型中，假设人立即停止其他任何活动，自动开始撤离，撤离方向和速度是由物理环境决定的（如人群密度、出口流量等）。这种类型模型的一个例子是将人群看作大量粒子的撤离模型。

第二种类型模型不仅仅考虑物理环境属性，还将人视为可以对外部环境有反应，带有个人行为如反应时间、出口选择等的智能体，这种模型如 EXODUS。按照建模的思想，分别从模型的应用目标、物理环境表示方法、人群属性和人员行为四个方面对现有模型的建模方法进行分析。图 2-1 所示为航空领域现有撤离模型的分类。

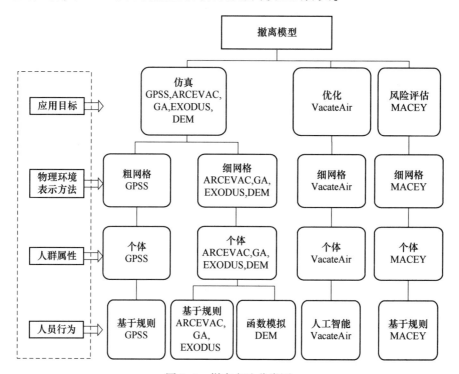

图 2-1　撤离方法分类图

16

2.1.1　模型的应用目标

所有模型都是通过三种不同方式进行撤离方面的研究：优化、仿真和风险评估，如图 2-1 所示。

部分模型假设乘客以最大可能撤离，忽略次要的和与撤离无关的活动。撤离路线为最优路线。将人群看作统一的整体，并不区分个体间的差异。这些模型可视为优化模型，如 VacateAir 模型。

另一方面，设计者试图模拟撤离时的行为和运动，不仅仅是数值结果，还有撤离过程行走路线和决策过程。这些模型称为仿真模型，如 GPSS、GA、ARCEVAC、EXODUS、DEM 等模型。这些模型考虑的行为复杂程度不同，结果准确度也不同。

风险评估模型，如 MACEY 模型，试图从火灾或相关事故的撤离结果中分析和确定危害等级。通过多次计算，获得与设计及防火相关的重要变量的统计结果。

2.1.2　物理环境表示方法

在所有模型中，物理环境都必须以某种方式表示，通常可分为两类，细网格和粗网格（见图 2-1）。空间被细分为子空间，每个子空间都与邻居相联。划分子空间的精细程度代表了这两种类型。

使用细网格的方法，如 ARCEVAC、GA、EXODUS、DEM、MACEY、VacateAir 模型，通常用节点和方格来代表空间平面，每个节点或是方格代表空间的一个区域，可以被一个人占据。节点或方格的大小通常设定为一个人的尺寸。相邻格点之间由弧线相连。因此，在一个精细网格中，人从一个地方移动到另一个地方是在间隔内进行的。人在每一个间隔内的位置可以精确地获得。

使用粗网格的方法，如 GPSS 模型，根据实际的结构定义分区方法，这样每个点都可代表一个房间或通道而不考虑它的实际尺寸。点由代表实际结构关系的弧连接起来，行人从一个点移动到另一个点，而不考虑他们实际的位置。一个行人可以从一个房间移动到另一个房间而不能从房间的某个区域移动到另一个区域。粗网格方法在考虑局部运动如赶超、局部竞争、越过障碍等方面存在一定的困难。这主要因为模型没有考虑个体的确切位置和运动以及个体之间的关系。

对于建筑物来说，这个方法的主要优点是可以减少计算机的运行时间。但是这种估计不适合小的领域，如民机客舱。

整体上来说，细网格方法表示物理环境比粗网格方法更准确，而粗网格方法在计算速度上具有优势。

2.1.3　人群属性

人群可以看作个体或者整体，整体模型在地面建筑防火方面应用较多，在航空领域应用的模型全部将人群看作个体，如图 2-1 所示。大多数模型允许用户或者计算机随机分配人体属性，这些人体属性用于随后的移动和决策过程。这个过程与其他个体是无关的。基于个体属性的模型，如 GPSS、ARCEVAC、GA、EXODUS、DEM、MACEY、VacateAir 模型，可以代表各种各样的不同内部特性的人群。个体属性的定义并不排除群体行为，个体属性决定动作，这个动作有可能是群体行为。

其他模型将人群看作一个统一的整体，而不区别个体属性。此类模型侧重于撤离人数，而不考虑哪个个体能够撤离。这种模型结构简单，计算速度较快，但缺少对个体行为的描述，在模拟外界环境对个体的影响（如毒气的作用）方面也比较困难，只能提供一个整体人群的分布或者平均影响。

2.1.4 人员行为

为了表示撤离中的决策过程，模型必须有相应的方法来仿真个体行为。显然，行为受人群和物理环境的影响。广义上讲，以上提到的模型按人员行为的仿真方法可以分为以下 5 个方面：无行为规则，函数模拟行为，隐式行为，基于规则的行为系统，基于人工智能的行为系统。

①无行为规则

无行为规则的模型只有人群的运动和物理环境决定着个体的撤离，决策只是基于物理环境的影响。

②函数模拟行为

函数模拟行为模型，如 DEM 模型，使用一系列公式决定着人群的反应，即使模型中人群使用个体属性，个体受同一个公式影响，反应是确定性的。这些公式并不一定是人的真实反应，比如磁力模型公式是从物理环境中推导出来的。人的运动和行为完全受这些公式支配。

③隐式行为

一些模型并没有声明行为规则，但已经通过物理方法隐式起着作用，这些模型基于心理学和社会学方面的数据。

④基于规则的行为系统

基于规则的行为系统模型，如 GPSS、ARCEVAC、GA、EXODUS、MACEY 模型，通常使用一系列规则，允许个人决策。这些规则在特定的环境下被触发而起一定的作用。比如一条规则可能如下：

如果我不能进入通道，我知道等待有很大的风险，并且我很敏捷，我将试图翻越座椅以到达通道。

上面这种决策过程在相同的环境下会产生相同的决策结果，而在实际情况中相同情景的结果却是不同的。大多数基于规则的模型都是随机的。

⑤基于人工智能的行为系统

最近，出现了基于人工智能的行为模型，如 VacateAir 模型，撤离中的行为反应与环境的关系是非常复杂的，都有着复杂的决策过程。这些可分为：

a. 人-人影响：与其他人的关系；

b. 人-结构影响：与物理环境的关系；

c. 人-环境影响：与火、烟、碎片等外界环境的关系。

这些关系影响着个体的运动及决策过程。而这个过程还受到这些关系发生的不同层次的影响。

a. 心理方面：基于个体的经验及现有的信息做出的反应。如受到火灾威胁，个体将逃离着火位置，个体对撤离命令的反应等。

b. 社会方面：基于人与人之间关系的反应。例如，受到火灾威胁，个体将实施救火或者发出火警。

c. 生理方面：对周围环境的物理反应，一定程度上影响个体的能力。例如，受到火灾威胁时，有毒气体的中毒反应、刺激性毒气对呼吸器官的影响等。

撤离过程人类行为的仿真是最复杂、最困难的，迄今为止没有哪个模型可以完全模拟人类的行为。关于行为方面的论述可以参考 Gwynne 等人的论述。

2.2　飞机应急撤离模型概述

2.2.1　GPSS 模型

GPSS 模型是为了仿真 90s 规则，使用 IBM 的 GPSS 语言编写。这个模型本身并没有用户界面，而是通过程序语言操纵。程序中有可供选择的结构和人员，通过程序重新调试来创建不同的飞机几何结构。

模型内的空间由弧线相连的粗糙网格组成。因此，飞机被分为不同的单元，如过道、出口通道、座椅障碍等。GPSS 可以确认每个乘客的位置，所以理论上每个乘客的轨迹都可以在仿真中体现。然而，在模型内乘客参数统一化。乘客的行为是基于规则的。这些特殊的规则允许乘客重新规划自己的方向以缩短出口处等待的队伍，这个规则控制着飞机内不同部分的乘客，如座椅上的和过道处的。模型采用经验数据对乘客通过出口的时间产生一个随机的延迟。模型更进一步假设在同一时间只有三个人可以占据滑梯的一个通道。对于不同出口的可能延迟时间以及每个出口的通过时间由 CAMI 的试验数据计算得出。

由于 GPSS 仅仅是为了仿真 90s 规则，所以没有考虑危险或毒气。模型计算 4 种不同性别和年龄的乘客在出口处的犹豫时间、乘客到达出口的时间间隔、在滑梯上的时间。除此之外，还给出了飞机总的撤离时间，以及最后一个乘客撤离出来的时间，每个出口处连续的或是非连续的人流速度等。

2.2.2 GA 模型

GA 模型是美国的 Gourary Associates 通过 FAA 和商业资助在 1980 年末建立起来的。GA 模型的最初目的是模拟真实的事故场景而不是 90s 规则。

GA 模型采用精细的网格模型，允许一个或多个人占据一个格子/节点。人员是由乘客的个体组成的集合，设定了个体属性，如耐力、灵活性、性别、年龄、反应时间，但是这些参数的设定是随机的。在仿真中可以追踪每个乘客的动态变化。GA 模型值得关注的地方就是，乘客可以改变行走方向。模型局限于 38 排座椅，每排最多有 6 个座椅。设有 6 个出口，出口位置可以随意安排，如果需要，这些出口可以被全部安排在飞机同一边。模型有图形化的用户界面。GA 是一个仿真真实应急撤离场景的模型，能够模拟危险和毒气。

GA 模型最主要的缺点是，它的参数不是由经验数据确定的。用户需要手动设置所有的模型参数，如出口概率、乘客耐力以及有毒的环境等。这些数据的任意性对仿真结果产生很大的影响。

2.2.3 ARCEVAC 模型

1980 年西南研究所（South West Research Institute，SWRI）在航空运输协会（Air Transport Association，ATA）的资助下开发了 AIREVAC 模型。之后，在 1990 年演变成为著名的 ARCEVAC 模型。

ARCEVAC 模型可以仿真真实应急撤离场景，有很好的图形用户界面。采用精细网格，可以按用户的希望划分格子大小。每个小格子可以用坐标表示。用横截面的宽度代表乘客身体的围度。在模型中乘客和乘务员有很多个体属性，如年龄、性别、体格、重量、身高、横截面积、灵活性、自私性、团队合作等。乘客不仅有个体的生理属性，还具有心理和社会属性，例如，情绪状态及自私性。模型中乘客行为的定义是基于规则的。这些定义与撤离中乘客对不同场景的反应行为一致。此外，通过用户指定关系以及团体的合作性可以模拟团队行为，同时也可仿真乘客在撤离中的情绪状态。在当时，ARCEVAC 的行为定义是很复杂的。ARCEVAC 有能力仿真客舱乘务员的行为，可以显式模拟乘务员并且会给其安排特定的任务。乘务员的性能水平通过一系列的概率和属性修正值确定。此外，ARCEVAC 包括了一个基于格子气的危险模型，但并不包括毒气模型。

在调整代码的情况下，这个模型才可以用于其他飞机结构，否则只能仿真波音 727 的撤离。模型不能实时运行。模型可以以数据或是图表格式输出飞机整体或是出口的性能。与 GA 一样，ARCEVAC 模型也涉及模型参数的任意性。模型中用了大量给定参数使得这个缺陷更加突出。这个模型包括太多的参数，而这些参数都是任意的。

2.2.4 MACEY 模型

这个模型是 Cranfield 大学 Macey 在博士论文中的理论部分提出的一种风险评估模型，

用于分析真实撤离场景和撤离适航验证。

模型分析了以前发生的超过 200 起飞行事故，并在风险评估模型中建立了故障树。这个风险评估模型包括火灾、毒气以及撤离子模型。火灾模型中通过以前的经验随机选择。在风险评估模型中，并没有定义内部火灾。通过对过去 72 起事故的分析，火灾发生的可能位置也做了定义。

用一个二维气流模型模拟实际场景和飞机结构中火的传播，以及场景中烟的散播，通过标准 FED 模型模拟火的热-毒效应。撤离的子模型运用了精细网格，有一个图形化的用户界面输出撤离过程。模型中包含 80 种飞机结构，包括现用的主要载人机型。通过编程用户可以添加额外的结构。模型中网格的大小是 0.15m×0.2m，乘客需要占据多于一个的格子。在整个撤离中每个乘客的轨迹都可以记录。此外，乘客还有一些"可扩展"属性如反应时间、移动速度、昏迷状态以及刺激程度。模型中，行为是规则驱动的。乘客最基本的行为就是向最近的出口移动。

模型没有模拟乘务员，所以需要乘客自己开启飞机舱门。场景仿真是二维的。二维的火灾模型使得不能定义一些常见的效应，例如，烟/雾的分布等。这也是模型的一个最大弱点。

2.2.5 OOO 模型

1990 年，俄克拉荷马大学的 Mary Court 和来自 CAMI 的 Jeff Marcus 发表了面向对象的撤离模型的设计说明（见图 2-2），而实际上模型并没有真正开发出来。模型用于仿真真实的应急撤离以及 90s 规则验证。

模型推荐采用精细网格，有基于规则的个体行为映射。模型可以仿真社会关系，如家庭、同事等。可以定义乘客或乘务员的属性，如年龄、性别、身高、重量等，以及乘客和乘务员之间的关系。可以定义客舱的几何结构、座椅、障碍以及出口。可为乘客指定出口。客舱环境模块可产生热-毒环境。

OOO 模型包括 13 个类（见图 2-2）。Synchronizer 是控制类，协调其他各类；Coordinate 将飞机几何结构分配给其他目标：乘客、乘务员、火、烟以及毒气，还与其他部分共享数据：Navigate、Advancement、Path、Block；Block 包含障碍信息，如座椅、墙、其他乘客、乘务员，以及环境障碍、烟和火；Navigate 主要是对领导者的反映，也就是乘客和/或者乘务员；Path 类评估在撤离中乘客或乘务员可用的路径；Advancement 主要控制乘客在各个地方的移动。根据场景的不同，有些模块可能并不需要。例如，在 90s 规则中，可能不需要火、烟、毒气以及混乱等。

2.2.6 airEXODUS 模型

EXODUS 是为了仿真许多人从复杂的结构中撤离出来而开发的一个软件包，开始于 1989 年。最初是针对在飞机上使用的，然而其标准化组合的版式使得它能够应用到其他环

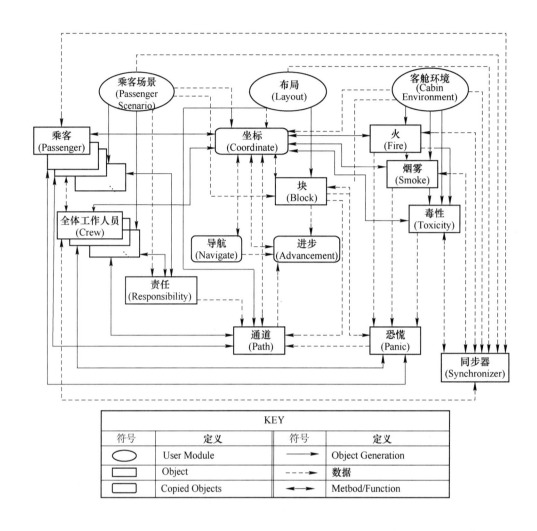

图 2-2　OOO 模型设计

境中。有许多不同的 EXODUS 产品。包括 buildingEXODUS、marineEXODUS、airEXODUS，分别代表在建筑、航海以及航空方面应用。airEXODUS 用于航空工业，包括飞机设计、90s 规则验证、乘务员训练，以及乘务员程序的发展、操纵程序方面和事故研究。

　　airEXODUS 软件属于撤离建模中常用的"点与弧"模型，软件包含许多乘客属性和飞机属性。它提供了飞机几何配置、一定年龄和性别分布的乘客、机上乘务人员辅助撤离、出口可用性等特定的仿真环境。

　　airEXODUS 由几何模块、运动模块、乘客模块、行为模块、环境模块和毒性模块六部分组成（见图 2-3）。

　　Geometry（几何）模块：几何模块可以手动定义或者读取 DXF 格式计算机辅助设计文件，几何形状由一系列相距 0.5m 的点组成，这些点又由弧连接而成，每个点代表一种典型的空间，如一位乘客。

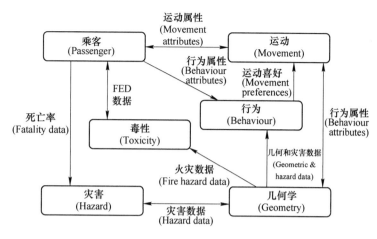

图 2-3　airEXODUS 功能模块组成

Movement（运动）模块：运动模块控制乘客由当前位置运动到最合适的邻接位置，或者监督等待过程，运动可能包含这些行为，如赶超、侧跨或者其他逃避动作。

Passenger（乘客）模块：乘客模块为带有一些属性的行人，如名字、性别、年龄、无阻碍最大快速行走速度、无阻碍最大行走速度、反应时间、敏捷性、上下楼梯速度等。上下楼梯速度与年龄和性别有关，数值根据建筑研究得到。机上乘务人员含有一些附加的属性，如声音指令作用范围、声音指令作用能力、指挥能力、乘务人员可视距离等。

Hazard（灾害）模块：环境模块控制大气和物理环境，如火灾中热、辐射、烟、有毒气体等扩散过程，还有出口打开和关闭时间等。

Toxicity（毒性）模块：毒性模块决定着 Hazard 模块中各种环境对人的影响。这些作用影响行为模块，进而影响了运动模块。毒性模块使用 Purser 关系式或者 Speitel 公式决定烟火对乘客的作用。

Behaviour（行为）模块：行为模块决定乘客在当前环境下的行为反应，这些行为与乘客的属性有关，这些行为影响着运动模块。行为模块含有两个层次：局部行为和全局行为。局部行为决定着乘客对当前情况的反应，如跨越座椅、排队等候等。全局行为表示乘客总的策略，如从最近的出口撤离、从最熟悉的出口撤离或者从被指定的出口撤离。乘务人员在撤离过程中将起到特殊的作用，例如，打开出口，引导乘客从指定的出口撤离，保证各个出口的撤离不间断等。

模型考虑的因素比较全面，表 2-1 整理了模型的参数。

表 2-1　airEXODUS 模型的重要参数

模型变量	实际属性
几何及布置变量	
点的数量、类型、位置；弧的位置和长度；节点障碍值	飞机的尺寸及布置，座椅数量和尺寸，排距，隔板位置

表 2-1（续）

模型变量	实际属性
出口打开时间，乘客出口至地面时间，出口状态	出口数量、类型、位置及可用性
乘客出口延迟时间，出口潜力	乘务人员辅助
人群变量	
人数、性别、年龄、重量、反应延时、敏捷性、驱动因子、行走速率、最大行走速率、翻越速率、上下楼梯速率	人数、性别、年龄、生理和心理指标
乘客位置	乘客位置

2.2.7 DEM 模型

DEM 模型是由英国的思克莱德（Strathclyde）大学在 2000 年开发的。模型可以仿真 90s 规则以及真实的应急撤离场景。软件有图形化的用户界面，在仿真过程中用户可以看到每个乘客的具体位置。该模型通过波音 737-300 飞机得到了验证。

乘客被看作是一个质点。乘客之间的物理量如摩擦力、扭矩和惯量等对于不同的质点是不同的。乘客之间的碰撞会导致它们临时缩小，如果碰撞发生在一侧，那么就会给乘客一个扭矩导致乘客旋转。通过人工赋予这些软球体一个外力使得它们向出口的方向移动。这个人工的外力是由可以作为目标的出口提供的引力，因此不同的乘客被吸引到不同的出口。所有这些参数与真实的人员行为和移动相比还是值得怀疑的。

在公开的文献中并没有提到这个模型的出口准备时间或是乘客的反应时间。出口的流量由出口的类型确定，模型还规定，在任何时间应急滑梯只能供一个人使用。另外一个延迟是乘客通过Ⅲ型出口，给在此出口通过的乘客统一加了 2s 的延迟。实际上，这是这个模型很大的缺点，即参数的制定和假设都是任意的。

DEM 模型并没有定义乘务员，模型并没有模拟实际情况中可能发生火灾的影响或是机翼处应急出口的延迟。考虑到模型的参数是任意的，所得到的结果是没有意义的。

2.2.8 VacateAir 模型

Xue 和 Bloebaum 于 2008 年采用改进的多粒子优化（particle swarm optimization，PSO）系统设计了 VacateAir 模型，模型框架如图 2-4 所示。客舱布置模块（cabin configuration system，CCS）用来监视客舱布置的动态变化（如由于火灾的影响对出口的堵塞作用）；飞机撤离火灾模块（fire hazard model in aircraft evacuation，FHMAE）提供火灾的信息以及人在火灾中的特性；飞机撤离人体行为模块（human behavior system in aircraft evacuation，HBSAE）用来预测撤离反应时间、乘客出口选择和个人行为，以及乘客移动速度等；飞撤离行为仿真模块（behavior simulation system in aircraft evacuation，BSSAE）是 PSO 驱动模块，用来仿真人体的行为。VacateAir 通过波音 737-200 飞机客舱撤离试验平台进行了正确性验证。

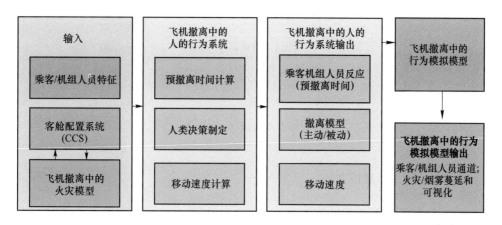

图 2-4　VacateAir 模型框架

2.3　应急撤离模型建模方法概述

　　民机应急撤离问题的基础是行人流问题，行人的流动受到各种规则、环境、位置以及行人自身的心理等多种因素的共同影响，是一个十分复杂的非线性系统。在系统中，各行人之间具有相互作用，并且由于行人在心理和生理上的个别差异，其行为在很大程度上具有随机性。但是行人的心理特点又是具有共性的。比如在运动过程中对目的地的倾向，对碰撞的避免，对喜好物体的关注等。因此，我们仍然可以根据行人的各种心理特点来建立模型，将行人的"智能"性弱化，使之成为"机械"的个体。这使许多随机性因素转化成确定性因素，从而为行人流的模拟和研究提供了依据。

　　到目前为止，对行人流问题的研究方法主要有三类：第一类是在传统流体力学原理的基础上建立行人流宏观方程的方法，主要用于早期设计者调整撤离方案设计；第二类是从行人个体的运动特点出发，建立行人微观动力学方程的方法，主要用来研究个体行为参数对于疏散能力的影响；第三类则是在网格上建立"规则"，用计算机来模拟行人流演化过程的方法，属微观方法。图 2-5 是模型建立方法的分类。宏观方程的方法可以描述行人流的统计特性却不能解释行人流中存在的自组织现象。建立行人微观动力学方程的方法虽然可以描述行人流的自组织行为，但是由于其方程的复杂性所以求解十分困难。而在网格上建立"规则"模型的方法则能通过简单的"规则"制定，较为逼真地模拟行人在各种复杂环境下的运动，因此目前被广泛应用于行人流理论研究当中，而民机应急撤离的研究也主要使用此方法。

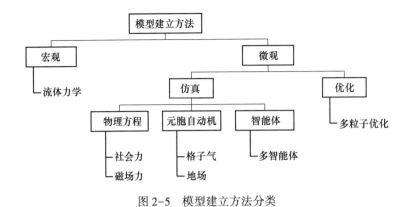

图 2-5　模型建立方法分类

2.3.1　传统流体动力学建模方法

用流体动力学来模拟人流的模型是由 Henderson 于 1971 年首次提出的。Henderson 认为在低密度自由运动状态下的行人，其运动的特点与气体分子的运动类似。而拥堵状态下的行人，其运动特点则与液体分子相似。根据他的观点，当系统处于平衡态时，在各态历经的假设前提下用 Maxwell-Boltzmann 统计理论可以计算出系统宏观量的平均值。用 (x, y) 表示某时刻行人的位置，(V_x, V_y) 表示该位置上行人的速度，则粒子具有速度分量 V_x 的概率密度方程为

$$p(V_x) \equiv \frac{1}{N}\frac{\mathrm{d}N_{V_x}}{\mathrm{d}V_x} = \frac{1}{\sqrt{2\pi V_{\mathrm{rms}}}}\exp\left(-\frac{1}{2}\frac{V_x^2}{V_{\mathrm{rms}}^2}\right) \tag{2-1}$$

式中，V_{rms} 是速度 $v \equiv |V|$ 的均方根。Henderson 将这个结果与实测数据进行了对比，发现两者能够较好地吻合。

Henderson 的模型建立在传统的流体力学理论基础上，它成功地描述了自由运动状态下行人流的宏观属性。但对于行人流的局部属性该模型是无法描述的，因此它也无法解释行人流中出现的各种自组织现象。

2.3.2　"社会力"建模方法

1995 年 5 月，Helbing 等人提出了用"社会力"来模拟行人流的模型。通过对行人在运动过程中对各种环境因素的影响所做出的反应进行了详细的分析，把促使行人在运动过程中改变运动状态的各种原因统称为"社会力"。而这种"社会力"的方向和大小将随着行人对自身位置、环境以及运动目标认识的变化而改变。将行人的各种心理参数以数学公式的形式表示出来后，行人 α 在 t 时刻受到的"社会力"$\boldsymbol{F}_\alpha(t)$ 可以由下面的公式进行计算

$$\boldsymbol{F}_\alpha(t) = F_\alpha^0(\boldsymbol{v}_\alpha, v_\alpha^0\boldsymbol{e}_\alpha) + \sum_\beta \boldsymbol{F}_{\alpha\beta}(\boldsymbol{e}_\alpha, \boldsymbol{r}_\alpha - \boldsymbol{r}_\beta) +$$

$$\sum_B \boldsymbol{F}_{\alpha B}(\boldsymbol{e}_\alpha, \boldsymbol{r}_\alpha - \boldsymbol{r}_B^\alpha) + \sum_i \boldsymbol{F}_{\alpha i}(\boldsymbol{e}_\alpha, \boldsymbol{r}_\alpha - \boldsymbol{r}_i, t) \tag{2-2}$$

式中：v_α——行人 α 的速度；

$\quad\quad\quad v_\alpha^0$——行人 α 期望速率；

$\quad\quad\quad e_\alpha$——行人 α 运动方向；

$\quad\quad\quad r_\alpha$——时刻 t 行人 α 的位置。

其中，等号右边第一项为加速项，它描述行人想要达到预定速度的倾向；第二项为行人之间的排斥项，它描述了各行人之间为避免碰撞和阻挡而想要彼此保持一定距离的倾向；第三项为行人与墙壁之间的排斥项，它描述了行人避免撞墙的倾向；第四项为吸引项，它描述了某些行人之间（如朋友之间）相互吸引的倾向，以及行人被某些物体（如路边橱窗）吸引的倾向。行人在 t 时刻所受到的"社会力"和由其他随机因素造成的微扰共同决定了他接下来将要采用的运动状态。下式描述了行人期望的运动状态 w_α 和其所受的"社会力" $F_\alpha(t)$ 之间的关系

$$\frac{\mathrm{d}w_\alpha}{\mathrm{d}t} = F_\alpha(t) + 微扰 \tag{2-3}$$

社会力模型也是将行人个体的心理作用反映为力来影响行人的移动。社会力并不是直接叠加于行人自身的力，而是由于行人自身的心理作用而产生的力来控制行人的加速或减速。由于社会力模型是通过牛顿第二定律计算行人的移动轨迹，因此该模型是连续型仿真模型。在 Helbing 的社会力模型中，主要考虑了三个方面的力：行人的自驱动力、行人与行人或障碍物之间的排斥力、行人与行人或障碍物之间的接触力。其中，行人的自驱动力反映行人到目标位置的渴望程度，提供行人前进的动力；行人与行人或障碍物之间的排斥力反映行人自身避免与其他行人或障碍物接触；行人与行人或障碍物之间的接触力反映当行人流密度较高时，行人无法避免与其他行人或障碍接触而产生的接触力。比如在通道中同向行人自动成行以及狭窄门口两侧流动行人的方向波动等。

"社会力"模型从行人与环境之间相互作用的角度出发，考虑了影响行人决定自身运动状态的各种因素，从而成功地描述了行人流演化过程中出现的各种自组织现象。但是由于该模型的方程很复杂，要求得解析解十分困难，即便是采用计算机模拟，编程过程也非常繁琐。而且不论是想要加入其他随机因素还是改变系统参数都必须重新建立模型，因此在灵活性上不具有优势，不利于推广应用。

2.3.3　元胞自动机建模方法

元胞自动机行人流模型是一种时间、空间和系统的状态都被离散化了的模型。通常采用并行的更新规则，即在每一时步，系统中所有的行人同时进行目标格点的选择和位置的更新。这就决定了在建立元胞自动机模型的过程中，除了制定合适的规则外还必须解决行人之间相互冲突的问题。

为了更加真实而且详尽地模拟行人的运动，Burstedde 等人提出了"地场"的概念，从而建立了二维元胞自动机行人流模型。这种模型将"社会力"模型的思想运用到了元胞

自动机的方向选择概率上，认为系统中的行人都处于某种虚拟的"地场"当中，并在"地场"的作用下保持或改变当前的运动状态。某个格点的"地场"通常用一个二维的矩阵来表示，矩阵中的元素记载着处于该格点上的行人对周围相邻各格点的选择概率。"地场"的取值由行人对环境的认识来决定，它会随着时间和位置的不同而变化。当有行人经过某个格点以后，该格点"地场"的取值相应地发生改变，相当于行人留下了运动的"迹"。这种变化会随着时间的推移出现扩散或衰退的现象。因此，后来经过该格点的各行人都在某种程度上受到前面行人的影响。除此之外，"地场"还会受到格点的地理位置、障碍物等其他因素的影响。

引入了"地场"概念的元胞自动机行人流模型能够考虑到影响行人运动的各种因素，因此可以更逼真地模拟行人流的演化过程。但是对"地场"的设置和计算比较复杂，因此实现起来比较困难，而且也不适用于描述行人有多种运动速度的情况。

2.3.4　多智能体建模方法

基于智能体的建模仿真不再将人群作为一个整体来考虑，而是将重心放到个体的人上。在模型中，每一个人都用一个计算对象表示。在模型中只定义个人的参数和行为规则，而对其具体的行为则不作规定。在仿真的过程中，个体依照自身所处的环境，按照预先设定的行为规则选择自身的行为。

由于智能体技术的诸多优点，现在已经建立了大量的此类仿真模型。英国的 Batty 教授和江斌等人曾经使用多智能体的理论和方法建立了一个类似于元胞自动机的模型，并利用 GIS 工具对大英博物馆内的人流进行模拟，并将最后计算的人流分布密度与实际的人流情况进行对比，取得了较好的结果。在他们的模型中，建筑物的平面空间被划分为微小的正方形单元格。在任意时刻，一个单元格要么被占据（障碍物或一个个体），要么为空。因此个体的空间位置可以由个体所处的单元格的编号所唯一标示。

在仿真的运行过程中，时间被划分为等长的时间段，在每一时间段，所有个体依照所处的环境和自己的行为规则选择是留在所处网格还是移动到相邻的 8 个网格中。模型中定义的行人智能体下一步的运动位置是在原始位置的基础上由 5 项因素叠加得到的。这 5 项影响因素分别是：目标位置、空间障碍、社会障碍、社会吸引和不确定的随机因素。

在网格上建立"规则"模型的方法目前被广泛应用于行人流理论研究当中，民机应急撤离的研究也主要使用此方法。元胞自动机行人流模型是一种时间、空间和系统的状态都被离散化了的模型，通常采用并行的更新规则，并且可以在行人运动的过程中随时引入随机性，从而能够比较真实地描述行人流的运动特点。因此，它已经成为目前行人流理论研究领域当中应用最广泛的微观模型。多智能体模型将个体的差异性引入到撤离模型中，使撤离过程和结果由于个体差异而不同。从而能够更加真实地描述行人流的运动特点。

第 3 章　社会力模型

3.1　社会力模型基本原理

3.1.1　基本描述

社会力模型（social force model）是一种非常经典的连续型行人流微观仿真模型。早在 1951 年，Lewin 等人就提出社会力的概念，认为在人类的社会活动中所产生的一些群体现象可以通过构建虚拟的社会场或者社会力来进行研究。1995 年，德国学者 Helbing 等人基于牛顿第二定律对社会力进行了构建，把行人看成处于连续空间内的自驱动粒子，认为行人运动受自驱动力与周边运动环境产生的物理力的共同作用。社会力模型的具体计算公式如下

$$m_i \frac{\mathrm{d}v_i}{\mathrm{d}t} = f_{\text{will}} + \sum_{j(\neq i)} f_{ij} + \sum_w f_{iw} + \xi \tag{3-1}$$

在社会力模型中，行人受力可以分为如下几种：第一种是自驱动力，也称意愿力，即 f_{will}，反映了行人受运动目标的影响；第二种是行人间作用力 f_{ij}，反映了行人受其周边其他行人的影响；第三种是行人与运动边界间的作用力 f_{iw}，反映了行人受其周边墙体或者障碍物等运动边界的影响；ξ 为随机力，反映了行人运动行为的随机变化。本节对力、速度和期望速度方向的矢量形式采用黑色斜体表示。

$$f_{\text{will}} = m_i \frac{v_i^0(t) e_i^0(t) - v_i(t)}{\tau_i} \tag{3-2}$$

上式为行人的意愿力 f_{will} 的计算公式。公式表达的是质量为 m_i 的行人 i 倾向于以 v_i^0 的速度向其运动目标方向运动，因此在运动过程中不断地调整其当前速度 $v_i^0(t)$，而调整的反应时间为 τ_i。v_i^0 是行人的期望速度的标量，而 e_i^0 为行人期望速度的单位方向矢量。f_{will} 的作用是使行人能够以自身期望的速度向目标方向运动，期望速度的大小取决于行人的年龄、性别、运动能力，以及心理状态等多方面因素，而期望速度的方向可以是行人最终的运动目的地，也可以是行人阶段性的运动目标，在整个行人运动中行人的期望速度大小与方向可以根据运动环境而变化。在行人自由运动时，行人的运动速度即为其期望速度，此时 f_{will} 并不起作用。当行人自由运动受周边运动环境影响达不到期望速度或者偏离了目标方向时，f_{will} 将起到一种按期望速度对行人运动进行纠正的作用。

$$f_{ij} = \{A_i \exp[(r_{ij} - d_{ij})/B_i] + kg(r_{ij} - d_{ij})\} n_{ij} + \kappa g(r_{ij} - d_{ij}) \Delta v_{ji} t_{ij} \tag{3-3}$$

上式为行人间作用力 f_{ij} 的计算公式。公式表达的是行人间存在两类作用力，第一类是

心理层面产生的行人间的斥力；第二类是存在身体接触情况下行人之间产生的挤压力及摩擦。行人间的斥力的计算公式为 $A_i\exp\left[(r_{ij}-d_{ij})/B_i\right]\boldsymbol{n}_{ij}$，表达的是行人 i 渴望与周边行人 j 保持一定距离以保证自身运动空间的意愿。其中 A_i 与 B_i 为位置参数；r_{ij} 为行人 i 与行人 j 模型半径之和（$r_{ij}=r_i+r_j$）；d_{ij} 为行人模型圆心之间的距离（$d_{ij}=\parallel r_i-r_j\parallel$）；$\boldsymbol{n}_{ij}$ 是由行人 j 指向行人 i 的方向单位矢量。斥力的作用是避免行人之间的碰撞以及保障行人的运动空间，行人间的距离越小行人间的斥力越大。

与行人间的斥力不同，行人间的接触力则是行人间物理层面的相互作用力，当区域内行人密度达到一定程度，行人在运动过程中就会产生身体接触。在社会力模型中对行人间的身体接触用两种力表达：行人间的挤压力与行人间的摩擦力。行人间的挤压力的计算公式为 $kg(r_{ij}-d_{ij})\boldsymbol{n}_{ij}$，其中 k 为挤压系数；$g(x)$ 为一个分段函数，当 $r_{ij}-d_{ij}>0$ 即行人间存在身体接触时（行人模型有重叠部分），则 $g(x)=x$，当 $r_{ij}-d_{ij}\leqslant0$ 时即行人间不存在身体接触时，$g(x)=0$；行人间的挤压作用是产生行人拥挤事故的重要原因，Helbing 指出在拥挤状态下行人受到的挤压力可以达到 4450N/m，这种量级的力甚至可以使钢铁栅栏弯曲或者使一堵砖墙垮塌。行人间的摩擦力的计算公式为 $\kappa g(r_{ij}-d_{ij})\Delta v_{ji}t_{ij}$，其中 κ 为摩擦力系数；$\Delta v_{ji}=(v_j-v_i)t_{ij}$ 为行人之间切线方向上的相对速度；$\boldsymbol{t}_{ij}$ 为行人之间的切线方向单位矢量。

$$f_{iw}=\left\{A_i\exp\left[(r_i-d_{iw})/B_i\right]+kg(r_i-d_{iw})\right\}\boldsymbol{n}_{iw}-\kappa g(r_i-d_{iw})(v_i\cdot\boldsymbol{t}_{iw})\boldsymbol{t}_{iw} \qquad (3-4)$$

上式为行人与墙体等运动边界之间的作用力 f_{iw} 的计算公式。f_{iw} 与行人间作用力 f_{ij} 的构造模式十分相似，也分为行人与墙体之间的斥力与行人与墙体之间的接触力。其中 r_i 为行人的模型半径；d_{iw} 为行人圆心到墙体之间的距离；$\boldsymbol{n}_{iw}$ 为墙体指向行人圆心的单位方向矢量；$\boldsymbol{t}_{iw}$ 为行人与墙体接触时的切线方向单位矢量。

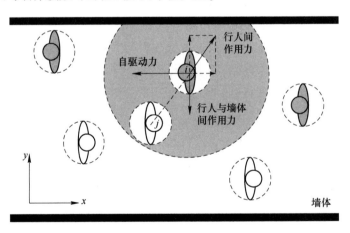

图 3-1　社会力模型受力分析图

3.1.2　力的描述方法

（1）自驱动力

行人想尽可能地到达目标区域，我们假定他尽力选择最短路径的距离，也就是直线，所以他期望自己的方向是直达目的地。如果目的地不能直线到达，那么路径可以用拐点集来表示，这样他的期望速度方向（desired direction）可以表示如下

$$\boldsymbol{e}_i(t) = \frac{\boldsymbol{r}_i^k - \boldsymbol{r}_i(t)}{|\boldsymbol{r}_i^k - \boldsymbol{r}_i(t)|} \tag{3-5}$$

$\boldsymbol{r}_i(t)$ 表示行人 i 在 t 时刻的位置，$\boldsymbol{r}_i^k$ 是路径上的一系列点。通常行人的目标是某个区域，这时候这个目标点可以选择是离行人最近的点。

如果一个行人的运动只受自己的目的影响而没有别的障碍物等因素，那么他将以期望速度沿着 $\boldsymbol{e}_i(t)$ 方向运动，如果有其他因素导致实际速度与期望速度有偏离的话，我们设定行人在犹豫时间 τ_a 内再次接近期望速度的趋势，这种趋势和动力学中的势能类似，所以我们以一个力来描述这个趋势

$$\boldsymbol{F}_i^0 = m_i \frac{v_i^0 \boldsymbol{e}_\alpha - \boldsymbol{v}_i}{\tau_a} \tag{3-6}$$

其中，m 是行人的质量；其他物理量按照上文。这个力 $\boldsymbol{F}_i^0$ 叫自驱动力，是行人内在因素所驱动（如需要靠近某个目标），与行人个体相关，与环境无关。自驱力对有生命的个体是普遍存在的，自驱力这种模型是细胞、大型动物和行人等个体的动机和目标的简化。

（2）行人与行人之间的排斥力

一个行人希望与另一个行人保持一定的距离，这在心理学上叫作"领土效应"（territorial effect）。一个行人与另一个陌生行人距离越近，心理上就会产生越强的排斥感，这种排斥感会在行人的行为上表现为受到一个排斥力，j 对 i 产生的排斥力 $\boldsymbol{F}_{ij}$ 可以表示如下

$$\boldsymbol{F}_{ij}(\boldsymbol{r}_{ij}) = -\nabla_{\boldsymbol{r}_{ij}} \boldsymbol{V}_{ij}[b(\boldsymbol{r}_{ij})] \tag{3-7}$$

排斥力 $\boldsymbol{F}_{ij}(b)$ 是 b 的单调递增函数，排斥力并不一定是各项同性的，行人对前方的空间需求会比两侧要大，所以可以用椭圆来表示

$$2b = \sqrt{(|\boldsymbol{r}_{ij}| + |\boldsymbol{r}_{ij} - v_j \Delta t \boldsymbol{e}_j|)^2 - (v_j \Delta t)^2} \tag{3-8}$$

这里，$\boldsymbol{r}_{ij} = \boldsymbol{r}_i - \boldsymbol{r}_j$。选择如下形式的力来表示这种排斥感

$$\boldsymbol{F}_{ij} = A_i \exp[(R_{ij} - r_{ij})/B_i] \boldsymbol{n}_{ij} \tag{3-9}$$

其中，$\boldsymbol{F}_{ij}$ 与上文含义相同，表示 j 对 i 产生的排斥力；A_i 和 B_i 为常数项，是调节的参数；$\boldsymbol{r}_{ij} = \boldsymbol{r}_i - \boldsymbol{r}_j$，$r_{ij} = \|\boldsymbol{r}_{ij}\|$ 是两个行人的距离，$\boldsymbol{n}_{ij} = \dfrac{\boldsymbol{r}_{ij}}{\|\boldsymbol{r}_{ij}\|}$ 是其单位矢量；我们用半径为 R 的圆来表示行人所占据的空间，$R_{ij} = R_i + R_j$ 是两个行人圆的半径之和。为了模拟高密度的人群状态，即人群相互推搡的状态，我们有必要引入身体之间的相互作用，即物理力

$$F_{ij}^{phy} = kg(R_{ij} - r_{ij})\boldsymbol{n}_{ij} + \kappa g(R_{ij} - r_{ij})\Delta v_{ji}^t \boldsymbol{t}_{ij} \tag{3-10}$$

其中

$$g(R_{ij} - r_{ij}) = \begin{cases} 0, & R_{ij} - r_{ij} < 0 \\ R_{ij} - r_{ij}, & R_{ij} - r_{ij} \geqslant 0) \end{cases}$$

阶跃函数 $g(x)$ 表示只有在 $R_{ij} > r_{ij}$ 的时候，即两个行人身体上发生接触，两个圆形投影相交，才会有物理上的相互作用力。

物理上的相互作用力分两类：一类是径向方向的排斥力，它阻止行人进一步被压缩，大小由 k 来控制；另一类是切向单位方向 $\boldsymbol{t}_{ij}$ 的存在摩擦力，$\boldsymbol{t}_{ij}$ 是 $\boldsymbol{n}_{ij}$ 径向单位矢量旋转 $90°$ 而形成，与相对运动的大小 $\Delta v_{ji}^t = (\boldsymbol{v}_j - \boldsymbol{v}_i)\boldsymbol{t}_{ij}$ 相关，并且由常数 κ 控制大小。其示意图如图 3-2 所示。

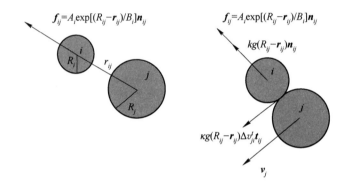

图 3-2　行人之间的心理作用力和物理作用力示意图

（3）行人与行人之间的吸引力

行人有时也会被其亲朋好友或者一些物体所吸引，这类吸引会随着时间的流逝而变化，兴趣点会随时间而下降，则位置 r_p 的吸引势能 W_{ip} 可以表示为

$$\boldsymbol{f}_{ip}(\boldsymbol{r}_{ip}, t) = -\nabla_{r_{ip}} W_{ip}(\boldsymbol{r}_{ip}, t) \tag{3-11}$$

在恐慌疏散模型中，出口往往也有一定的吸引力存在，并且行人更倾向于无时无刻地与亲朋好友一起，因此熟悉的人之间会一直存在吸引力，这种吸引作用往往是人群聚集的原因之一。在此暂不讨论这个相互作用力。

（4）行人与障碍物之间的排斥力

行人会与墙、街道边界等障碍物保持一定的距离，这可以等效成墙对行人有社会力的作用，表示如下

$$\boldsymbol{f}_{ip}(\boldsymbol{r}_{ip}, t) = -\nabla_{r_{ip}} W_{ip}(\boldsymbol{r}_{ip}, t) \tag{3-12}$$

实际的模拟模型中，障碍物由线段或者线段集合来表示。为简单考虑，我们把障碍物给行人的排斥力等效为另一个行人给这个行人的排斥力

$$\boldsymbol{f}_{iW} = A_i \exp\left[\left(R_i - r_{iw} \right) / B_i \right] \boldsymbol{n}_{iw} \tag{3-13}$$

以及物理排斥力

$$\boldsymbol{f}_{iw}^{\mathrm{phy}} = kg\left(R_i - r_{iw} \right) \boldsymbol{n}_{iw} + \kappa g\left(R_i - r_i \right) v_{iw}^{t} \boldsymbol{t}_{iw} \tag{3-14}$$

其中, $\boldsymbol{n}_{iw}$ 是行人到墙的法向单位矢量; $\boldsymbol{t}_{iw}$ 是切向单位矢量。各个物理量的含义与上一节的含义相同。其示意图如图 3-3 所示。

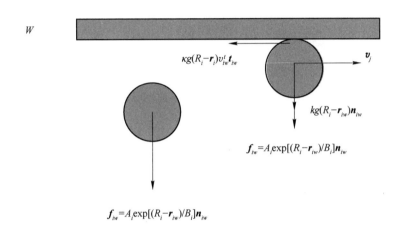

图 3-3　行人与障碍物之间的心理作用力和物理作用力

（5）行人视野对社会力的修正

行人的视野有限，感知主要集中在期望速度上（也就是我们假定行人的视野方向总是朝向他的期望速度方向）。社会力都有一个系数来调节这种感知，我们假定位于行人背后时的调节系数为 $c(0 < c < 1)$，视线的有效角度为 28°，于是有

$$w(\boldsymbol{e}, \boldsymbol{f}) = \begin{cases} 1, & \boldsymbol{e} \cdot \boldsymbol{f} \geqslant |\boldsymbol{f}|\cos\varphi \\ c, & \boldsymbol{e} \cdot \boldsymbol{f} < |\boldsymbol{f}|\cos\varphi \end{cases} \tag{3-15}$$

$$\boldsymbol{f}_{ij} = w(\boldsymbol{e}, \boldsymbol{f}) A_i \exp\left[\left(R_{ij} - r_{ij} \right) / B_i \right] \boldsymbol{n}_{ij}$$

$$\boldsymbol{f}_{iw} w(\boldsymbol{e}, \boldsymbol{f}) A_i \exp\left[\left(R_i - r_{iw} \right) / B_i \right] \boldsymbol{n}_{iw} \tag{3-16}$$

（6）个体的从众行为

对于行人 i，他周围的行人会影响到他的行为，具体而言，他的速度方向是他自己的期望方向和周围人群的平均方向的一个函数。我们用一个一次项来刻画

$$\boldsymbol{e}_i^0 = \mathrm{Norm}\left[\left(1 - p_i \right)\boldsymbol{e}_i + p_i \boldsymbol{e}_j^0(t) \right] \tag{3-17}$$

其中, $\mathrm{Norm}(\boldsymbol{v}) = \boldsymbol{v} / \|\boldsymbol{v}\|$，表示求速度矢量的单位矢量; p_i 表示恐慌参数，用来调节行人的从众行为的大小。

3.2　社会力模型参数的选取

文化背景与经济发展程度的差异会使不同国家、地区的行人的行走习惯产生差别，即便是同一个行人在不同的交通环境下也会表现出不同的运动特性，因此需要对仿真模型的参数进行标定。

社会力模型中可以通过实际数据进行标定的参数有 8 种，分别是行人的质量 m_i、行人模型的半径 r_i、行人的期望速度 v_i^0、行人的反应时间 τ_i、距离参数 A_i 与 B_i、挤压系数 k、摩擦力系数 κ。其中 m_i 与 r_i 为行人的物理属性，v_i^0、τ_i、A_i、B_i、k、κ 为行人的运动属性。

一些学者依据对实际行人运动轨迹的观察，利用极大似然估计等统计学方法对社会力模型中的参数进行了标定。表 3-1 为社会力模型参数取值标定的研究成果。

表 3-1　不同学者的社会力模型参数取值标定的研究成果

参数	Helbing 1995	Helbing 2000	Marko Apel 2004	Lakoba, Kaup 2005	Hoogendoorn 2005	唐明 2010	Guo 2014
m_i/kg	—	80kg	—	80kg	—	70kg	—
r_{ij}/m	—	[0.5, 0.7]	0.4	0.7	—	0.6	0.5
v_i^n/(m/s)	通道：1.34 $S=0.26$，高斯分布	房间：放松状态0.5 普通状态1.0 紧张状态1.5	房间：1.34	观察值：1.34 倾向值：1.53，0.45	走廊：1.34 $S=0.21$	站台：1.39 $S=0.27$	瓶颈处：1.0
τ_i/s	0.5	0.5	0.5	0.5	0.35	0.29	0.2
A_i，B_i	2.1m²·s⁻²，0.3m	2e3N，0.08m	21m²·s⁻²，0.3m	$-m_i \cdot v_i^0/\tau_i$，0.5m	11.96m²·s⁻²	2.57（接近）2.58（远离）0.18（接近）0.10（远离）	2.5m²·s⁻²，0.08
A_w，B_w	10m²·s⁻²，0.2m	—	5.1m²·s⁻²	—	—	$-m_i \cdot v_i^0/\tau_i$，0.5m	—
k	—	1.2e5kgf[①]·s⁻²	1.2e5kgf·s⁻²	2.4e4kgf·s⁻²	—	1.2e5kgf·s⁻²	1500s²
κ	—	2.4e5kgf·s⁻²	4.8e5kgf·s⁻²	1	—	2.4e5kgf·s⁻²	3000m⁻¹·s⁻¹

①　1kgf（千克力）≈10N。

3.3　社会力模型的优点与存在的问题

作为经典的连续型微观仿真模型，社会力模型已经在很多优秀的行人流仿真软件（如 AnyLogic、Viswall）中进行了应用，证明了社会力模型是非常优秀的行人流仿真基础模型。社会力模型的优点可以总结如下：

（1）在社会力模型中，由于空间的连续性行人运动的自由度更高，更贴近现实中的行人运动，理论上在社会力模型中行人的运动方向可以是任何方向任意角度；运动速度大小可以是 0 到其最大速度中的任意值；行人所处的位置可以是可利用运动空间内的任意位置。这使社会力模型在仿真多流向行人流时相比离散型仿真模型更具优势。

（2）社会力模型从行人心理出发，对行人间的相互作用，行人与行走环境间的交互进行了很好的还原。模型对现实行人运动行为的拟合度非常高，在不引入行人复杂决策规则的前提下就能够仿真还原相向行人流渠化现象、瓶颈处行人流周期振荡现象等常见行人流自组织现象。

（3）社会力模型利用力学模型反映行人的运动动机，这种建模思路更加直观，也为仿真分析增加很多具有现实意义的指标。例如，通过社会力模型中关于行人间的挤压力的公式，可以直接量化分析行人之间的拥挤作用，反映行人在疏散过程中可能存在因拥挤而受伤的情况，以及受伤行人对其他行人疏散的影响。

（4）社会力模型的规则与参数简单、结构清晰，具有很强的可扩展性。研究者可以通过引入新的力学模型，或者对模型中的力学模型进行重新构造的方式对社会力模型进行改进与扩展。

虽然社会力模型已经广泛地应用在实际行人流的仿真模拟工作中，但是不可否认社会力模型还是存在一些问题。

（1）在实际应用时社会力模型与其他连续性微观仿真模型一样，都需要复杂的连续空间求解算法（如 Gear 方法、Runge-Kutta 方法等）对行人的速度、位移进行求解，加大了模型的应用难度。另一方面由于空间的连续性，允许行人模型之间的重叠，虽然社会力模型设计了抑制模型重叠的机制，但是需要足够小的仿真步长才能使抑制重叠的机制发挥作用。缩小了仿真步长，却又降低了整体的仿真的效率。与离散型微观仿真模型相比，社会力模型仿真效率较低。

（2）社会力模型欠缺对行人行走习惯以及一些特殊行为特性的考虑。直接应用社会力模型不能反映行人绕行障碍物以及避碰其他行人时的行走习惯（如行人的右侧倾向性、行人之间跟随行为等），在对一些特殊的行走环境下的行人流进行仿真时需要对社会力模型进行改进。

（3）社会力模型涉及大量待标定的参数，包括斥力或自驱动力作用范围、作用强度等。在标定过程中改变一组参数同时还会影响其他参数的应用，给标定带来很大困难。虽然 Helbing 等人给出了多组社会力模型的参数，但是这些参数具有应用环境以及适用人群的限制，如何在特定的行走环境下针对不同行人运动状态来标定模型参数，始终是研究者必须面临的问题。

3.4 社会力模型改进方法

对社会力模型的改进大致可以划分为重新标定模型参数、重新构造模型中的力，以及在模型中增加新的力学模型。

3.4.1 重新标定模型参数

Helbing 等人在建立了经典的社会力模型后，又进行了不同条件下的社会力模型参数的研究，得出了适用不同条件的参数取值，但这些参数只适用于特定的疏散场景，往往在一些场景中并不适用。所以一些学者根据实际疏散中人群的运动数据，利用统计学中的方法对社会力模型中的参数进行了标定工作。不同于宏观模型，以社会力模型为代表的微观模型的参数标定较为复杂，通常需要对疏散人群轨迹进行校准。

关于社会力模型中的参数，多个学者使用了多种方法对其进行了标定。Johansson 等人在人群疏散视频的基础上，对人群疏散轨迹进行了提取，然后使用进化型优化算法对模型中的参数进行求解，得到特定情形下的参数取值，最后将参数代入模型，通过对常规疏散、朝圣以及公共区域大规模集会进行仿真，证明了参数取值较为合理。Hoogendoorn 等人通过对比实际疏散轨迹和社会力模型仿真疏散轨迹，发现二者之间的误差近似服从正态分布，指出社会力模型中的反应时间能够较大程度上影响疏散仿真结果。在这些发现的基础上，他使用极大似然估计这一方法来标定参数。唐明研究了当场景内只有两个行人时，行人之间的相互作用强度，通过对行人轨迹的分析，将社会力模型中参数 A、B 的取值进行了标定。

3.4.2 重新构造模型中的力

对原始社会力模型中的力进行重新构造。原始社会力模型体现了行人运动过程中受运动目标、周边行人，以及周边障碍物的影响，这些因素是影响行人运动的共性因素，而在实际场景中行人往往还受一些特殊的运动规则以及行为习惯影响。可以对原始社会力模型中的力进行重新构造来体现这些运动规则以及行走习惯。举个例子，在社会力模型中，行人的期望速度的方向可以是行人最终的运动目的地，也可以是行人阶段性的运动目标，在整个行人运动中行人的期望速度大小与方向可以根据运动环境而变化，可以根据行走环境信息分区域、分阶段地对行人的期望速度方向进行定义，以这种方式可以有效地还原行人的运动规则。

郭仁拥在其研究中对自驱动力中的期望速度方向，以及行人间作用力的方向进行了重新定义，反映了行人穿越瓶颈处时的运动规律。在重新定义的过程中，不只考虑了行人运动目标的位置，还考虑了行人当前所处具体位置对行人期望速度方向以及避碰方向的影响。Hou 等人同样对自驱动力中的期望速度方向进行了重新定义，反映了烟雾状态下疏散过程中引导人员的作用。在重新定义的过程中，考虑了行人当前的期望速度方向受疏散引导员的影响，行人与引导人员距离越近，行人的期望速度方向越接近于疏散引导员的期望速度方向，从而还原了行人跟随引导人员进行疏散的过程。

3.4.3　模型中增加新的力学模型

向原始社会力模型中增加新的力学模型。原始社会力模型以目标对行人的吸引力的形式体现了行人向运动目标运动的意愿，以行人间斥力的形式体现了行人保护自身运动空间的意愿。同样可以向原始社会力模型中增加新的力学模型来反映行人在特殊场景下表现出的其他意愿。在原始社会力模型构建过程中，根据行人当前的运动状态是否达到其期望状态，以及行人之间的距离等因素设计各种力产生或者消失的条件，新增的力学模型同样要对应用条件进行充分的讨论。另外新增的力学模型需要考虑对其所选用的量纲进行细致的分析，并需要根据实际数据进行验证，否则会对社会力模型整体造成很大影响。

周侃等人对行人结伴出行时希望保持与同伴之间距离的意愿进行了建模，构建了一种新的行人间吸引力模型。这种新的力学模型考虑了同行行人之间保持一定距离意愿的强烈程度、行人与同伴之间相对位置，以及行人与同伴之间的距离，并引入了最大容忍间距的概念，在达到最大容忍间距后，处于前方的同伴在行人间吸引力作用下期望速度会变为零。

第4章 基于社会力模型的飞机应急撤离仿真研究

计算机仿真是飞机应急撤离研究的重要手段，以其在模拟乘员应急撤离时具有的重复性和安全性等特点，逐渐成为应急撤离试验研究的有益补充，同时，应急撤离计算机仿真技术还在民机的辅助设计、机组对乘员疏散的优化，以及出口安装辅助装置对乘员撤离速率的影响中得到一定的应用。计算机仿真应急撤离过程是目前飞机应急撤离领域的热点。

4.1 社会力理论基础

如前所述，社会力理论认为，人员运动可描述为在多个实体或虚拟力共同作用下，朝着期望目标方向的运动。"社会力"主要包括自驱动力、人员间相互作用力和人员与障碍物（墙）间的作用力。社会力模型的数学表达式可表示为

$$m_i \frac{\mathrm{d}v_i}{\mathrm{d}t} = f_i^0(t) + \sum_{j(\neq i)} f_{ij} + \sum_w f_{iw} \tag{4-1}$$

式中，m_i 为人员 i 的质量；$v_i(t)$ 为人员 i 的实际速度；$f_i^0(t)$ 为人员 i 的自驱动力，力的方向与目标方向一致；$\sum_{j(\neq i)} f_{ij}$ 表示人员 i 和 j 的作用力；$\sum_w f_{iw}$ 表示障碍物（墙）w 对人员 i 的作用力。

（1）自驱动力 f_i^0

人员 i 倾向于以期望速度 v_i^0 向着目标方向 e_i^0 运动，具体受力情况如图 4-1 所示。自驱动力是由人员期望速度与实际速度之间的差异造成的，期望速度的大小取决于人员的生理特征（如性别、年龄、体形、运动能力等）和心理特性等多种复杂因素。期望速度的方向在行人运动过程中是可以不断变化的，取决于运动过程中周围的环境。

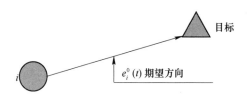

图 4-1　行人的自驱动力

$$f_i^0 = m_i \frac{v_i^0(t)e_i^0(t) - v_i(t)}{\tau_i} \tag{4-2}$$

式中，$v_i^0(t)$ 是 t 时刻人员 i 的期望速度；$e_i^0(t)$ 是目标运动方向；$v_i(t)$ 是人员 i 在 t 时刻的实际速度；τ_i 为适应时间。

（2）人与人之间的作用力 f_{ij}

人员在行走过程中会倾向于与其他人保持一定的距离，为尽量避免身体接触，形成非接触力，即心理排斥力 F_{si}；当人员身体不可避免地相互接触时，形成物理接触力，包括法向挤压力 N_{ij} 和切向摩擦力 T_{ij}，受力情况如图 4-2 所示。

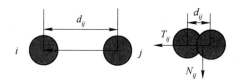

图 4-2　人员 i 与 j 之间的作用力

$$f_{ij} = F_{si} + N_{ij} + T_{ij} \tag{4-3}$$

$$F_{si} = A_i \exp[(r_{ij} - d_{ij})/B_i]n_{ij} \tag{4-4}$$

$$N_{ij} = kg(r_{ij} - d_{ij})n_{ij} \tag{4-5}$$

$$T_{ij} = \kappa g(r_{ij} - d_{ij})\Delta v_{ij}^t t_{ij} \tag{4-6}$$

式中，A_i 是人员间心理排斥力的作用强度；B_i 是人员间心理排斥力的作用距离；r_{ij} 是人员 i 和 j 空间半径之和；d_{ij} 是人员 i 和 j 圆形空间的圆心距；$r_{ij} - d_{ij}$ 是人员 i 和 j 的净空间距离或空间重叠距离；k、κ 为常数系数；Δv_{ij}^t 是人员 i 和 j 在切线方向的速度差；t_{ij} 表示人员 i 和 j 的切线方向；n_{ij} 表示人员 i 和 j 的法线方向；$g(x)$ 是接触力的开关函数，当人员 i 和 j 相互接触时，$x < 0$，$g(x) = x$，当人员 i 和 j 不接触时，$x > 0$，$g(x) = 0$。

（3）人与障碍物（墙）之间的作用力 f_{iw}

障碍物对人员的影响类似于人员与人员之间的作用，障碍物指如隔板、座椅、舱壁等不可移动的物体，人员 i 受到障碍物 w 的作用力 f_{iw} 的表达式如下，其受力情况如图 4-3 所示。

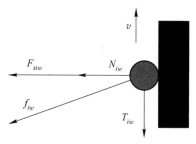

图 4-3　人员 i 与墙之间的作用力

$$f_{iw} = \{A_i\exp[(r_i - d_{iw})/B_i] + kg(r_i - d_{iw})\}n_{iw} - \kappa g(r_i - d_{iw})(v_i t_{iw})t_{iw} \quad (4\text{-}7)$$

$$f_{iw} = F_{siw} + N_{iw} + T_{iw} \quad (4\text{-}8)$$

4.2 社会力建模方法研究

4.2.1 飞机乘员应急撤离仿真

仿真程序主要分为三个模块：分别是初始化模块、运算与更新模块、数据输出模块。初始化模块主要包括客舱物理边界、乘员生理特征数据的输入等。

运算与更新模块通过计算每一个乘员所受的合力，来驱动乘员在客舱内移动。每次计算完成后，根据计算结果更新所有乘员的信息来模拟行人的运动。这些信息包括乘员的位置坐标、速率、方向、期望方向等。每次更新所有乘员信息所用的仿真周期定义为时间步，为了提升计算的精度，同时节约计算资源，选取的时间步长为0.001s。

数据输出模块包括显示计算结果和保存仿真数据。运算与更新模块的模拟仿真结果在数据输出模块中以动画的形式在屏幕上显示，可以直观反映出撤离过程中乘员的运动轨迹和群体特征。同时仿真结果中乘员的运动轨迹、总撤离时间、平均速度等信息直接以图片的形式显示，并且可以输出保存成图片或文本格式。

基于现有社会力模型对试验案例情况进行多次仿真，发现乘员的总撤离时间远远大于试验结果的30.76s，甚至达到了50s，仿真结果与试验相差大。通过对撤离过程中的乘员轨迹信息进行分析，发现虽然实际的主过道宽度（0.43s）足以使乘员通过，但依据原有社会力模型进行建模仿真时，客舱内人员在应急撤离过程中出现了"卡阻"现象。这是因为客舱构型下人员在某一位置受到的所有力达到了"力平衡"，即人员i周围其他人员和客舱物理结构形成的障碍物对人员i的排斥力和人员的自驱动力达到平衡，导致人员静止不动，如图4-4所示。仿真分析中，乘员通过不断微调位置，最终可以打破"力平衡"状态，但这需要花费较多时间，导致乘员撤离过程不连续，出现如图4-5所示的"断流"现象，总撤离时间大幅度增加。

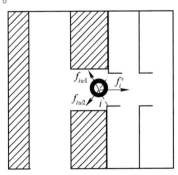

图4-4 "力平衡"示意图

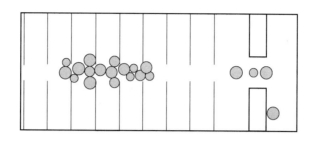

图 4-5　社会力模型仿真中的"断流"现象

4.2.2　仿真中"断流"问题分析

社会力模型重点关注人员受到周围环境的影响程度。在确定影响程度时，主要通过对比仿真模型中人员的运动规律与实际场景下人员真实的运动规律，根据数据结果分析及寻优算法确定合理的社会力模型表达式，并获得较好的应急撤离预测结果。

由于现有社会力模型建模的数据主要来源于大型建筑物，其物理边界的约束与飞机客舱构型存在较大差异，因此社会力的作用方式和周围环境对人员的影响程度存在较为明显的区别。主要表现在飞机客舱空间狭小、通道狭长，内部座椅的布置较为密集，且乘员在撤离过程中不断从座椅涌向过道，撤离环境、撤离人员行走路径与大型建筑物中的疏散均有明显差异。如果基于原有社会力模型进行建模，客舱环境下人与障碍物间的心理排斥力会出现力的来源过多、幅值过大、方向过于分散的现象，最终导致撤离人员的行为与试验过程中的表现偏差较大。乘员在主过道时会不断接触座椅和其他乘员，接触面的切向方向上，通过摩擦力影响撤离人员的撤离速度；法向方向上，通过相对距离的大小决定撤离人员的心理排斥力，密集的人群会极大地减缓人员行走速度，导致仿真中人员静止、碰撞等不符合实际的现象发生。

飞机客舱内的应急撤离与大型建筑物疏散时人员的运动规律有很大差异，而原有社会力模型是 Helbing 基于 Weidmann 密度—速度经验标定得到的，因此原有社会力模型不适用于客舱狭小环境。社会力模型中的重要参数（A、B、R 等值）需要重新标定，以获得与客舱环境下的密度—速度吻合度较高的仿真模型。

同时，狭窄的主过道会导致乘员在撤离瓶颈处堵塞，近似"力平衡"，出现乘员撤离的"断流"现象。在实际撤离过程中，乘员即使在瓶颈处有堵塞，也会很快做出调整，跟随前方撤离人员较快通过瓶颈处，整个撤离过程呈现连续的状态，不会出现严重的"断流"现象。因此，需要改变原有社会力模型中力的作用方式以解决瓶颈处的竞争，使得乘员能够迅速跟随前方撤离人员通过瓶颈。

4.2.3 社会力模型的改进

4.2.3.1 作用力模型改进

在原有社会力模型中，乘员在瓶颈位置竞争时间过长，导致瓶颈处的乘员无法及时跟随前方撤离人员迅速通过瓶颈，仿真过程中出现人员"断流"现象，这与实际试验中乘员的跟随行为不符。在紧急情况下，乘员情绪紧张，在撤离过程中会倾向于紧紧跟随前方的撤离人员，与前方人员保持速度一致，形成期望速度方向相近的小群体。跟随行为在行人运动过程中非常普遍，在客舱环境下这种现象也很明显，乘员的撤离通道只有主过道，座椅上的乘员需要进入主过道才能撤离出客舱，为了在更短时间内撤离出客舱，乘员需要跟随期望方向上的乘员，乘员之间紧密接触。

为了模拟飞机客舱撤离过程中乘员的跟随行为，同时保证模型仿真中不出现"断流"现象，在现有社会力模型定义作用力基础上新增一种新的作用力模型，即人员之间的"跟随力" f_{iatt} ，以下是 f_{iatt} 建模需要考虑的方面。

（1）"跟随力"的作用范围

"跟随力"的作用范围包含两部分，分别是距离和角度。距离意味着只有乘员 i 与 j 之间的距离小于某一固定值 L 时，作用力才会产生；角度为乘员 i 期望速度方向上左右各 90° 的范围内。作用范围 α_1 和 α_2 如下式所示。

$$\alpha_1 = \begin{cases} 1, & d_{ij} < L \\ 0, & d_{ij} \geq L \end{cases} \tag{4-9}$$

$$\alpha_2 = \begin{cases} 1, & (\boldsymbol{d}_{ij},\ e_i^0) < \dfrac{\pi}{2} \\ 0, & (\boldsymbol{d}_{ij},\ e_i^0) \geq \dfrac{\pi}{2} \end{cases} \tag{4-10}$$

式中， d_{ij} 表示乘员 i 和 j 质心之间的距离； $(\boldsymbol{d}_{ij},\ e_i^0)$ 表示乘员 i 、 j 的质心连线方向与乘员 i 的期望速度方向的夹角。

（2）前后乘员速度大小的影响。撤离过程中乘员 i 会跟随前方乘员 j 一起撤离，乘员 j 的速度会影响后面乘员 i 的跟随行为，当前方乘员 j 的速度小于后面乘员 i 的速度时，乘员 i 受到的"跟随力"不再起作用，具体关系如下式所示

$$\alpha_3 = \begin{cases} 1, & v_i < v_j \\ 0, & v_i \geq v_j \end{cases} \tag{4-11}$$

（3）乘员间距离的影响。乘员 i 与 j 之间的距离会影响乘员 i 的跟随行为，当乘员 i 与 j 相距较近时，跟随倾向越大，"跟随力"越大，当乘员间距离逐渐增大时，乘员 i 的跟随欲望不再强烈，具体关系如下式所示。

$$\alpha_4 = \begin{cases} 1, & d_{ij} < r_i + r_j \\ C\exp(|\boldsymbol{r}_i - \boldsymbol{r}_j|), & d_{ij} \geq r_i + r_j \end{cases} \qquad (4\text{-}12)$$

式中，C 为常数，$|\boldsymbol{r}_i - \boldsymbol{r}_j|$ 为乘员 i 和 j 质心之间的距离；$r_i + r_j$ 为乘员 i 和 j 的半径之和。

（4）考虑跟随系统中最前方乘员。若仿真过程中乘员 i 期望速度方向上没有其他撤离人员，即 $\sum_{i \neq j} \alpha_1 \alpha_2 \alpha_3 \alpha_4 n_{ij} = 0$，乘员应当以较快速度沿期望速度方向移动，直到期望速度方向上出现其他乘员，或期望速度方向改变，具体关系如下式所示

$$\alpha_5 = \begin{cases} r_i m_i, & \sum_{i \neq j} \alpha_1 \alpha_2 \alpha_3 \alpha_4 n_{ij} = 0 \\ 0, & \sum_{i \neq j} \alpha_1 \alpha_2 \alpha_3 \alpha_4 n_{ij} \neq 0 \end{cases} \qquad (4\text{-}13)$$

式中，r_i 为乘员 i 的半径；m_i 为乘员 i 的质量。

综合上面所有对于"跟随力"的考虑，最终反映乘员间跟随行为的"跟随力"f_{iatt} 的公式如下

$$f_{iatt} = \sum_{i \neq j} \alpha_1 \alpha_2 \alpha_3 \alpha_4 \boldsymbol{\beta} \boldsymbol{n}_{ij} + \gamma \alpha_5 e_i^0 \qquad (4\text{-}14)$$

式中，β、γ 是强度系数；$\boldsymbol{n}_{ij}$ 是由乘员 i 与 j 的法线方向的单位矢量；e_i^0 是乘员 i 的期望速度方向。加入"跟随力"后，社会力模型的数学表达式如下

$$m_i \frac{\mathrm{d}v_i}{\mathrm{d}t} = f_i^0 + \sum_{j(\neq i)} f_{ij} + \sum_w f_{iw} + f_{iatt} \qquad (4\text{-}15)$$

同时，在原有社会力模型中，$A_w = 10\mathrm{m/s}^2$，$B_w = 0.2\mathrm{m}$，这一取值是在大型建筑中人员正常行走的状况下进行选取的。而客舱构型的特点是空间狭窄，客舱物理结构形成的障碍物密集，乘员在撤离时没有足够的距离回避障碍物，回避距离比在正常状况下的社会力模型要求的距离小得多，模型中参数需要重新标定。

4.2.3.2　基于试验数据确定作用力参数

（1）个体最小轨迹误差法

确定作用力参数（作用力表达式中的 A、B、C 值）是为了使社会力模型适用于对飞机乘员应急撤离行为的仿真，提升仿真结果与试验数据的相关性。

本节采用试验数据和仿真数据结合的个体轨迹误差最小逼近法进行社会力参数的确定，首先任意选取一组 A、B、C 值，根据撤离试验的录像，在某一时刻 t 选取场景中某一个乘员 α，将 α 虚拟化，然后将该时刻所有乘员（N 个人）的数据输入计算机仿真中，只有乘员会受到社会力的作用，并在社会力的作用下移动，而另外的 $N-1$ 人还是会以实际的轨迹、速度等移动，在经过 T 时间的仿真后，记录乘员 α 仿真得到的轨迹信息，并与其实际轨迹对比。为了保证作用力参数的普适性，需要多个时刻多位乘员进行仿真。为了比较仿真结果与试验数据的误差，定义了一个相对距离误差（relative distance error，RDE）

$$\text{RDE} = \frac{\parallel \boldsymbol{r}_{\alpha}^{\text{simulated}}(t+T) - \boldsymbol{r}_{\alpha}^{\text{tracked}}(t+T) \parallel}{\parallel \boldsymbol{r}_{\alpha}^{\text{tracked}}(t+T) - \boldsymbol{r}_{\alpha}^{\text{tracked}}(t) \parallel} \qquad (4-16)$$

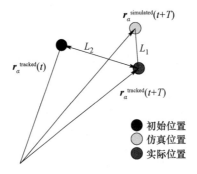

图 4-6　相对距离误差 RDE 计算示意图

对多个时刻多个乘员的 RDE 进行平均即可得到某一组 A、B、C 值下的个体轨迹误差。通过寻优算法获得个体轨迹误差 RDE 的最小值，确定该最小值所对应的这组 A、B、C 参数，即可用于建立适用于飞机乘员应急撤离的作用力模型。

由 RDE 的定义可知，RDE 值越小，仿真和试验结果越接近；RDE 值越大，仿真和试验结果误差越大。其中，当 RDE 等于 0 时，仿真的乘员轨迹与试验轨迹完全重合。表 4-1 是依据试验进行仿真标定时的 RDE 值，模型参数设置为 $A=25$，$B=0.08$，$C=10$，Gamma = 200.0，Kappa = 3000.0，$C\_$Young = 750.0，$R=1$，$-4s$，所有还在客舱内的乘员的 RDE 平均值为 3.0566，有部分粒子的 RDE 数值过大，仍需要减小误差，提高精度。经计算得 RDE 最小值对应的作用力参数值分别是 1、0.1、8。

表 4-1　RDE 计算值

项目	第 1 排	第 2 排	第 3 排	第 4 排	第 5 排	第 6 排	第 7 排	第 8 排	第 9 排
第 1 列	0.742	1.037	15.299	17.608	1.116	5.575	5.558	0.784	0.207
第 2 列	1.011	1.978	0.556	1.082	0.710	0.853	2.462	0.357	0.480
第 3 列	1.367	0.883	3.862	0.968	0.207	0.375	0.247	1.248	NaN
第 4 列	22.112	0.948	14.570	1.246	1.417	0.413	NaN	0.007	NaN
第 5 列	1.381	0.333	1.605	2.853	0.725	0.306	0.514	0.591	0.532
第 6 列	3.570	16.860	7.831	4.340	2.218	0.925	2.828	0.856	0.428

表中 NaN 表示该乘员 $t=4s$ 的 RDE 值不存在，因为 $t=4s$ 该乘员已撤离出客舱，无法计算 RDE 值。

（2）自身驱动力参数确定

①人员尺寸 r_i

在仿真过程中设定人员形状近似是圆形，其半径的取值主要参考的是人体的肩宽。本试验参试人员的肩宽数据如表 4-2 所示。若直接使用人员的肩宽为乘员的直径，仿真中会出现人员直径大于客舱过道宽度的情况，理论上圆形的乘员无法通过该过道。Helbing 曾研究过人体极限压缩量为人体尺寸的 20%，在将人员模拟为圆形的基础上，乘员直径设为实际肩宽的 80%，因此使用人员直径尺寸在（0.279m，0.399m）和（0.279m，0.327m）的均匀分布。

表 4-2 试验中参试人员肩宽数据

性　别	肩宽范围/cm	频　数
男性（30 人）	(34.9，39.9]	2
	(39.9，44.9]	11
	(44.9，49.9]	17
女性（24 人）	(34.9，39.9]	22
	(39.9，40.9]	2

②期望速度 $v_{\exp}$

期望速度是指行人在试验环境中最理想的行走速度。受行人自身生理、心理特性及周围环境的影响，不同行人的期望速度是不同的。1992 年，Weidmann 将期望速度 $v_{\exp}$ 表示成密度的函数，公式如下

$$v(\rho) = v\left\{ 1 - \exp\left[-1.913\, m^2\left(\frac{1}{\rho} - \frac{1}{\rho_{\max}} \right) \right] \right\}_{\exp} \tag{4-17}$$

其中，$v(\rho)$ 是行人运动的平均速度；m 是行人质量；ρ 为实际密度；$\rho_{\max}$ 的值为 5.4 人/m²。

将试验客舱区域划分为三个区域（A～C 排、D～F 排、G～I 排）。通过试验数据处理，发现三个区域速度各不相同，表 4-3 给出了三个区域的最大速度平均值、最小速度平均值及平均速度。

表 4-3 不同区域的乘员撤离速度

参数/(m/s)	距离分区		
	A～C 排	D～F 排	G～I 排
平均速度	0.17	0.36	1.15
最大速度	0.23	0.56	1.93
最小速度	0.11	0.21	0.59
标准差	0.04	0.08	0.42

由试验数据分析结果可看出，距离出口越近的乘员，其速度标准差越大。这是因为撤离开始时反应速度或移动速度较慢的乘员被后面挤过来的撤离人群堵在了座椅与通道间的区域，导致速度差异较大；而距离出口远的 A～C 排，个体移动速度的差异较小。

本模型选取距离出口较近区域 G～I 排的平均速度 1.15m/s 作为期望速度，这是由于 G～I 排的乘员移动速度是客舱内所有乘员能够达到的最大平均速度，更能体现客舱内的乘员在无障碍时的移动速度。

（3）行人间作用力的物理力系数的确定

行人间作用力的物理力系数包括身体压缩弹性系数 k 和滑动摩擦力系数 κ，这两种系数是行人与周围行人发生身体接触时产生的。2002 年，Helbing 讨论了身体压缩弹性系数与滑动摩擦力系数的取值计算过程，限定人体极限压缩量为人体尺寸的 20%，得到了其最大压缩量的最小值为 0.10m。因此，最大压力为 4450N，本文 k 可取 $4\times10^4\mathrm{kgf/s^2}$，$\kappa$ 相应取值应小于 $6\times10^4\mathrm{kgf/s^2}$。

模型的主要建模参数如表 4-4 所示。

表 4-4　仿真参数设置

参　数	设　置	
A_i、B_i、C_i	1，0.1，8	
$A_w/(\mathrm{m/s^2})$	1	
B_w/m	0.1	
α、β	1，1	
$k/(\mathrm{kgf/s^2})$	4×10^4	
$\kappa/(\mathrm{kgf/s^2})$	6×10^4	
总人员数量	54	
人体投影直径/m	男：（0.279，0.399）均匀分布	女：（0.279，0.327）均匀分布
性别分布	男：30（56%）	女：24（4%）
期望速度/（m/s）	男：（1.15，1.25）均匀分布	女：（1.05，1.15）均匀分布

4.3　烟雾状态下客舱疏散过程分析

客舱本质上是空间受限的区域，坠撞后导致的火灾、烟雾等突发事件使行人从客舱疏散时，可能会在客舱内产生拥堵甚至引发踩踏等群体事故。客舱疏散研究可以根据行人视野是否受限分为两类，行人在疏散过程中视野不受限制时能够通过观察找到可以利用的客舱出口，因此会具有较为清晰的疏散路径。而当行人在疏散过程中受烟雾等环境因素影响视野受限时，往往不能明确疏散路径而错失逃生时机。为了使客舱中受烟雾影响的人群能合理疏散，研究者们在烟雾状态下的行人运动特性分析、疏散仿真模型建立、逃生引导机制研究等多个方面投入了大量精力。

（1）对多种影响因素共同作用下的疏散过程进行讨论

现有的研究分别讨论了疏散过程中周边行人、障碍物，以及疏散标识等因素对逃生者的影响，而很少有研究明确指出当这些因素同时出现在逃生过程中时，如何共同影响逃生者。应对多种因素共同作用下的疏散过程进行讨论。

（2）对疏散标识作用进行细化

现有的研究在分析疏散标识的作用时，往往局限在提供逃生方向这一点上，而忽略了疏散标识对行人期望速度，以及行人间从众行为可能带来的影响。疏散标识能提供明确的逃生方向，可降低行人逃生的盲目性与随机性，并对行人的心理状态形成积极的影响，进而影响行人的从众心理及期望速度。应在模型构建过程中细化疏散标识的作用。

（3）对不同种类疏散标识的作用进行比较分析

现有的很多研究对疏散标识的作用以及疏散标识的布设方案等方面进行了分析，但极少有研究在分析过程中考虑了舱体壁面疏散标识（WS），以及地面疏散标识（GS）等不同种类的疏散标识的作用的差别。考虑到舱体壁面疏散标识（WS），与地面疏散标识（GS）在影响区域、方向引导等方面都存在差别，在两种不同疏散标识布设方案下行人疏散也会存在大的差异。需要在模型构建时考虑两种疏散标识作用的差异。

4.3.1　烟雾对行人疏散的影响

烟雾是可燃物燃烧分解产生的固体颗粒、有害气体以及液化物的混合物。烟雾会对行人疏散造成巨大的影响，主要考虑以下方面：

（1）对行人视野范围的影响。烟雾的遮光性会直接影响疏散环境的能见度，能见度是指行人在当前环境下所能看到的最远的物体与自身的距离（单位为米）。能见度的降低反映在行人运动中即行人视野范围的缩减，当行人视野范围受限到一定程度会影响行人对逃生路径的选择以及行人间的相互作用。此外，烟雾产生的刺激性气体也会对行人的视力造成影响，同样会缩减行人的视野范围。

（2）对行人期望速度的影响。在紧急状态下行人的期望速度会明显加快。一些研究指出，在一般状态下行人的平均期望速度为 1.0m/s 左右，而在应急状态下行人的平均期望速度会增加到 1.5m/s 以上。而烟雾状态下的行人疏散与其他应急撤离有所不同，Jin 等人指出，烟雾会影响行人对既定运动方向的确定性，当烟雾浓度达到一定程度，行人的速度会大幅度降低。房志明等人在研究中指出，行人受烟雾影响，迈步频率会从3.8Hz降低到0.5Hz，行人的期望速度也会降低到0.4m/s。Jensen等人指出，受烟雾影响，行人的期望速度会降低至0.2~0.5m/s之间。烟雾使行人速度降低的原因有多个方面：在烟雾条件下行人多采用俯身或者爬行的方式逃生，这影响了行人的逃生速度；烟雾中行人视野范围受限，行人在不具备明确的逃生目标时，期望速度会受影响；同样是因视野范围受限，极端情况下烟雾中的疏散环境类似于没有光源的环境，此时行人为了避免与黑暗中的其他行人或障碍物发生碰撞，也会降低其期望速度。

（3）对行人生理健康的影响。烟雾中的有害气体是造成人员死亡的主要原因。烟雾中有害气体成分较多，其中一氧化碳是最主要的致人死亡气体。逃生者暴露在烟雾中时间越长，吸入的有害气体越多，丧失运动能力的可能性就越大。有研究指出，烟雾对行人生理健康的影响可以用以下公式进行简单衡量

$$烟雾浓度 \times 暴露时间 < EC_{50} \times 30min \qquad (4-18)$$

其中，EC_{50} 为50%致死率的烟雾有效浓度。除了烟雾中的有害气体外，烟雾本身带有大量的热量，在火源附近的烟雾温度可达800℃以上。高温烟雾会灼伤人体皮肤以及导致衣物燃烧，使人体生理健康受到伤害。

4.3.2 从众行为对行人疏散的影响

从众行为指的是，在恐慌状态下行人跟随周围其他行人逃生的行为。烟雾状态下的从众行为的本质是，行人不能明确逃生目标的位置，产生了对当前运动方向的怀疑，进而转向跟随其他行人进行逃生。Helbing等人利用恐慌系数来描绘行人从众意愿的强烈程度，并利用以下公式对从众行为建模

$$e_i^0 = Norm[(1 - p_i)e_i + p_i(e_j^0(t))_i] \qquad (4-19)$$

其中，e_i^0 为行人的期望速度方向；Norm表示对矢量的归一化；p_i 为恐慌系数；e_i 为行人之前的期望速度方向；$(e_j^0(t))_i$ 为行人 i 周边行人方向矢量的平均方向。公式所表达的是，恐慌状态下的行人的期望速度方向由行人当前方向与周边其他行人的平均方向共同决定，行人越恐慌，受周边其他行人影响的程度越大，越倾向于跟随其他周边行人运动。

Helbing指出，行人的从众行为在恐慌系数较小时可以一定程度上提高疏散效率，但当恐慌系数较高（$p_i > 0.4$），即行人处于盲目从众状态时，疏散效率会急剧下降。

4.3.3 客舱通道边界对行人疏散的影响

客舱通道边界作为疏散环境的物理边界，对行人疏散具有重要影响。图4-7为Isobe等人进行的行人疏散可控试验截图，试验中行人蒙住眼睛来模拟在烟雾中迷失方向情况下的疏散过程。观察图中行人路径可以发现，行人在遇到通道边界之前方向随机，当遇到通道边界后会沿着通道边界进行逃生，此时行人的逃生方向只有两个：即沿着通道边界的左

侧方向或者右侧方向。

　　通道边界在逃生过程中能起到参照物作用，行人如果沿着通道边界逃生，则可选择的方向只有两个，能减少行人逃生方向的随机性，增加逃生概率。

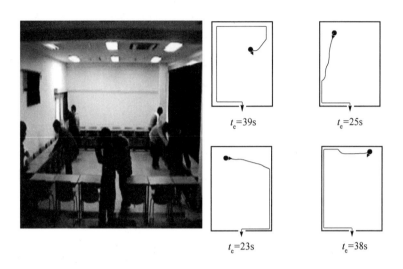

$t_e=39s$　　　　　　　　$t_e=25s$

$t_e=23s$　　　　　　　　$t_e=38s$

图 4-7　行人在通道边界附近的疏散路径

4.3.4　疏散标识对行人疏散的影响

　　疏散标识能通过文字或者图形符号直接为行人指示逃生出口的方向。逃生者通过视觉接收疏散标识所指示的方向信息，疏散标识的作用范围与行人当时视野范围相关。

　　在不考虑行人忽视或者不愿意接受疏散标识引导的前提下，疏散标识能够明显提升行人的逃生效率。疏散标识对烟雾状态下行人疏散的影响可以总结如下：

　　（1）降低行人运动方向的随机性。当行人接收到疏散标识提供的方向信息后，会改变当前的期望速度方向并以疏散标识指示的方向逃生，降低了行人运动方向的随机性。

　　（2）影响行人的从众意愿。行人的从众行为是因为行人不能确定逃生目标的位置，才在恐慌心理的驱使下跟随其他行人运动的。而当行人接收到疏散标识提供的方向信息后，会明确逃生目标的位置，从而降低了行人从众的意愿。

　　（3）影响行人的期望速度。前面提到行人受烟雾影响会降低自身的期望速度，其中一个重要的原因是，行人视野受烟雾遮挡，对当前疏散环境产生了不确定性。这种不确定性有两层含义，即不确定当前的运动方向是否能到达出口，以及不确定疏散环境中其他行人和障碍物位置。而当行人接收到疏散标识提供的方向信息后，会降低行人对疏散环境的不确定性，从而提高行人的期望速度。

　　常见的疏散标识根据摆放位置可以分为两种：即舱体壁面疏散标识以及地面疏散标识。

　　舱体壁面疏散标识（WS）布置在如壁面、座椅等疏散环境的物理边界上，疏散人员只有运动到通道边界附近才能接收到舱体壁面疏散标识提供的方向信息。在某些时候 WS 提供的方向信息无法直接指向最近的出口的位置，而是指向与出口更加接近的下一个标识，疏散人员可能需要通过多个舱体壁面疏散标识的引导才能最终到达出口。

地面疏散标识（GS）的覆盖面积更广，可以布置在疏散环境地面的任意位置。而且 GS 在指示方向方面更灵活，理论上 GS 能直接为行人提供出口的准确方向，疏散人员可以沿着 GS 提供的方向信息以最短路径走向最近的出口。

4.4 三维社会力模型——双层客舱

经典社会力模型的构建是在二维平面上建立的，这是社会力模型的适用条件，原始模型的局限性。由于其具有这样的特点，经典社会力模型只适用于在单层平面上的空间内模拟行人疏散。模型中的全部矢量均是平行于二维平面的，即使在三维空间中，也只能在 x、y 轴方向上变化，无法在 z 轴方向上变化。

社会力模型的缺陷是其无法适用于三维空间仿真，但双层客舱内的人群疏散问题必须要考虑到楼梯或台阶等三维区域的疏散。

基于经典社会力模型，将二维模型扩展到三维空间，分析行人在竖直方向上受力情况，考虑行人在楼梯疏散等三维斜面疏散中受到的重力，在模型中引入重力在斜面的分量以及作为限制重力分量的反重力心理排斥力，如图4-8所示。

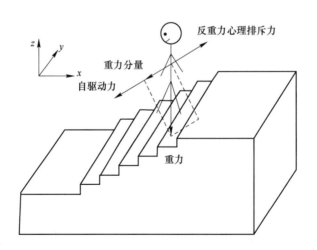

图4-8 三维社会力模型中行人的受力情况

在经典社会力模型中，将行人个体看作在二维平面，其自身的重力垂直于社会力模型中的自驱动力、行人间作用力、人与障碍物之间作用力，即重力在水平方向上没有分量，对社会力模型中的力没有任何影响。

假设行人在楼梯上疏散，显然，楼梯上与平地上疏散的速度与感受不一样，同样在楼梯上疏散，上楼和下楼的速度与感受也不一样，所以，重力的分量对行人疏散产生了影响。根据经典社会力模型中的几种作用力，当行人在楼梯上疏散时，重力平行于楼梯斜面上的分量会作用于行人所受的合力。但不同于行人受到的自驱动力，在楼梯疏散中重力分量会一直作用于行人，这样一来，行人将在楼梯向下疏散时持续加速，这很显然不符合行人疏散的实际情况和运动规律。由此推测，行人在楼梯上向下疏散时，行人的自驱动力会产生一部分分量，用来限制重力分量，形成动态平衡状态。因为行人在楼梯上疏散时，通常情况下能够控制自身的疏散速度，不需要借助外力，如行人、墙壁等，也与其他外力无关。综上所述，在构建三维社会力模型时，认为个体在楼梯疏散时通过对自身当前速度的判断来控制减速行为，且一般情形下楼梯上的疏散速度是小于平面上的疏散速度的。故对经典社会力模型三维化的改进是，在模型中引入重力分量和反重力心理排斥力，表达式如下

$$m_i \frac{\mathrm{d}v_i}{\mathrm{d}t} = f_{\text{will}} + F_g + F(t) + \sum_{j(\ne i)} f_{ij} + \sum_w f_{iw} + \xi \tag{4-20}$$

式中，F_g 表示重力分量，N；$F(t)$ 表示反重力心理排斥力，N。

重力分量和反重力心理排斥力的表达式如下

$$F_g = f(\theta) \cdot m \cdot g\sin\theta$$

$$F(t) = f(\theta) \cdot F(v_i(t) - v_i^0(t)e_i^0(t))$$

$$f(\theta) = \begin{cases} 1, & \theta > 0 \\ 0, & \theta = 0 \end{cases} \tag{4-21}$$

式中，$f(\theta)$ 是一个条件函数，θ 表示楼梯或台阶斜面与水平方向的夹角。当行人在二维平面上疏散时 $\theta = 0$，导致重力分量和反重力心理排斥力的值为 0；当行人在楼梯等三维空间中疏散时 $\theta > 0$，此时重力分量和反重力心理排斥力会作为三维社会力模型中的分力作用于行人，影响行人的疏散行为。

在楼梯疏散的过程中，当行人的实际运动速度与期望速度之间的差值逐渐减小时，反重力心理排斥力会逐渐增大，导致行人不再加速或者逐渐减速。反之，反重力心理排斥力会逐渐减小，导致行人逐渐加速。

4.5　客舱内火情模拟解决办法——FDS 软件

4.5.1　FDS 火灾疏散软件

FDS（Fire Dynamic Simulation）软件是一款火灾烟气动态仿真软件，由美国国家标准技术研究所开发。软件基于流体动力学模型，可以模拟和预测火灾中烟气的流动和扩散。FDS 的建筑空间布置和烟气流动均在空间网格中完成，网格可按使用者要求设定尺寸，单

元网格尺寸越小，整体网格数量越多，仿真模型越细致，仿真过程的计算量越庞大。

FDS 支持三维动画过程仿真，可以直观地观察仿真过程中烟气的变化情况。同时，软件所提供的材料库可涵盖数十种建筑相关材质，可全面、细致地复制真实建筑空间内部材质，进行烟气仿真。软件可记录数十种烟气数据，如有毒气体浓度、气体温度、疏散者能见度、烟气层分区高度、固体单位面积温度等。在火灾烟气分析研究方向上，FDS 是最成熟也是应用最广泛的研究软件。

仿真的重点是模拟烟气的流动后，监测各关键点的状态参量，如气体温度、能见度、烟气层高度等。再通过对这些参量的数值分析，以及与相关规范的对比，推测出乘客疏散的安全时间和削弱疏散效率的节点时间等信息，为最后的客舱乘客疏散仿真提供数据基础和参考。

4.5.2 客舱火灾产物分布及其对人的伤害程度

4.5.2.1 毒性气体的影响

（1）气体扩散模型

由于有害气体的扩散与泄漏机理非常多，并且气体在空气中的扩散有着非常复杂的过程，国内外学者还无法完全解释扩散过程中的现象和规律。国内外学者一般将气体的密度与空气密度进行比较，将泄漏扩散分为高速云雨扩散、重气扩散以及非重气扩散三种情况，出于简化方便的目的一般进行如下假设：

A. 如果气体瞬时发生泄漏则假定泄漏瞬间完成，如果气体发生连续泄漏则假定泄漏速率恒定；

B. 气体发生泄漏后在平整、无障碍地面上部进行扩散；

C. 假定扩散中的气体在扩散过程中不发生化学反应，且地面对气体无吸收；

D. 假定气体扩散方向为水平风向，速率及方向不会随着时间发生变化。

本次研究的对象是火灾情况下产生的有毒气体，其主要成分是 CO 和 CL_2，以及扩散到一定浓度时 CO_2 会使得疏散人员发生窒息。火灾产生的气体，气体密度与空气接近，且在火灾安全事故发生时，环境中的大气不断进入，从而气体密度会逐渐使其密度与空气相接近。因此，火灾安全事故发生后产生的气体扩散更加适用于非重气扩散模型。对于非重气扩散模型的研究中，假设在均匀湍流场的条件下，上述有毒气体在扩散过程中的浓度呈高斯（Gaussian）分布，所以称为高斯气体模型，高斯气体扩散模型主要包括高斯烟羽模型和高斯烟团模型，烟羽模型主要用来描述连续点源的扩散，烟团模型用来描述短时间内点源泄漏也就是突发瞬间时泄漏，以及泄漏时间小于扩散时间的泄漏。

（1）无边界点源扩散

无边界点源扩散不考虑地面等阻碍对气体扩散的影响，模型认为气体在三维空间内可以无限扩散，没有外界边界的限制。在无边界点源扩散中，有瞬时点源扩散和连续点源扩散两种扩散类型。

气体瞬时点源扩散模型中，认为在没有风的影响下，瞬时泄漏的气体在三维空间的任意时刻的浓度分布如下所示

$$C(x,\ y,\ z,\ t) = \frac{Q}{(2\pi)^{3/2}\sigma_x\sigma_y\sigma_z}\exp\left[-\left(\frac{x^2}{\sigma_x^2}+\frac{y^2}{\sigma_y^2}+\frac{z^2}{\sigma_z^2}\right)\right] \tag{4-22}$$

式中　C——污染物浓度，kg/m^3；

$\quad\quad Q$——气体源强度，kg/m^3。

$\quad\quad\sigma_x$、σ_y、σ_z——用浓度标准差来表示气体分别在 x、y、z 轴上的扩散参数。

若气体泄漏在考虑风速的影响下，气团泄漏中心按风速运动，做简单的坐标变换就可得到浓度变换的浓度分布方程

$$C(x,\ y,\ z,\ t) = \frac{Q}{(2\pi)^{3/2}\sigma_x\sigma_y\sigma_z}\exp\left[-\left(\frac{(x-\boldsymbol{u}_x^t)^2}{\sigma_x^2}+\frac{y^2}{\sigma_y^2}+\frac{z^2}{\sigma_z^2}\right)\right] \tag{4-23}$$

通过瞬时扩散模型可以得到，气体扩散为一个随着时间逐渐膨大的气团，随着气团的增大，气体浓度也在逐渐降低。如果考虑风速，气团的中心随着风速运动。

有风条件下连续点扩散的浓度分布公式如下

$$C(x,\ y,\ z,\ t) = \frac{Q}{2\pi\boldsymbol{u}_x\sigma_y\sigma_z}\exp\left[-\left(\frac{y^2}{\sigma_y^2}+\frac{z^2}{\sigma_z^2}\right)\right] \tag{4-24}$$

由上式分析得出，连续泄漏下风向形成一条烟羽，随着地点与泄漏点距离的增加，泄漏物质浓度逐渐下降。在场内任意点处，泄漏物质浓度与泄漏点源的强度成正比，但不随着时间变化而变化。

（2）有边界点源扩散

无边界点源扩散模型没有考虑到地面阻碍对气体扩散产生的影响，即认为气体在空间内的扩散是无限的，没有限制的。但是在实际的扩散情况中需要考虑地面对扩散的影响，通常研究的办法是把地面作为类似于一面镜子，地面可以完全反射气体。此模型计算的气体的实际浓度，由真实源计算得到的浓度与和真实源相对称的虚拟源计算得到的浓度两者相互叠加。与无边界点源扩散相类似，有界点源也包括连续点源和瞬时点源扩散两种情况。

假设泄漏点源的有效高度为 H，取气体扩散原点的地面投影的坐标为坐标原点，x 轴指向风的方向。考虑地面的反射作用，可得到连续点源泄漏的浓度分布如下所示

$$C(x,\ y,\ z,\ H) = \frac{Q}{2\pi\boldsymbol{u}\sigma_y\sigma_z}\exp\left(-\frac{y^2}{\sigma_y^2}\right)\cdot\left\{\exp\left[-\frac{(z-H)^2}{2\sigma_z^2}\right]+\exp\left[-\frac{(z+H)^2}{2\sigma_z^2}\right]\right\}$$

$$\tag{4-25}$$

式中，H 表示泄漏有效高度，m。

出于简化计算模型的考虑，此次模拟适用无边界点源扩散，用来模拟火灾模型中产生的有毒气体 CO、CL_2，以及有害的固体颗粒物。

将火灾产生气体扩散模型得到的数据作为变量加入社会力模型中，在仿真试验中，个体能实时获取到起火中心点的距离。在距起火点不同距离的范围内，个体的受伤害程度不同，从而导致其速度分别为原速度的 0 倍（表示死亡）、0.5 倍（表示重伤）、0.9 倍（表示轻伤）和 2 倍（表示未受伤），并对原模型进行改进和调试。

4.5.2.2 高温辐射的影响

当火灾事故发生后，内部产生大量的热，热对行人个体在火灾环境中行走产生了巨大影响。火灾安全事故中火的燃烧过程与锅炉、内燃机等可控的燃烧过程有很多区别，火灾安全事故是非受控的燃烧方式，且在火灾事故中参与燃烧的可燃物也是多种多样。

通过查阅资料得到一个描述火灾整个过程的示意图，可以看出，按时间先后顺序，火灾一次经历了阴燃阶段、增长阶段、充分发展阶段、衰退阶段直至最终熄灭，如图 4-9 所示。

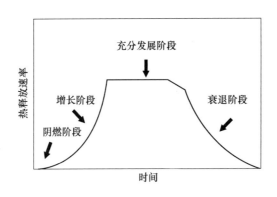

图 4-9　火灾的各个发展阶段示意图

在距火源中心半径为 R 的空间范围内，火源对该区域内可燃物的热辐射表示为

$$q^n \approx \frac{P}{4\pi R^2} \approx \frac{x_r Q}{4\pi R^2} \tag{4-26}$$

式中：q^n ——目标的单位辐射热量，kW/m^2；

　　　P——火焰的总辐射热量；

　　　R——目标可燃物之间的距离，m；

　　　x_r——热辐射效率，根据燃料不同类别在 0.2~0.6 范围内取值；对于一般可燃物取 0.34；

　　　Q——火源总的热释放速率，kW。

表示 Q 最为认可的模型是 T 平方火灾非稳态火灾模型。此模型的基本假定是火灾热释放速率与时间平方成正比关系，如下所示

$$Q = \alpha t^2 \qquad (4\text{-}27)$$

式中，α 为火灾增长系数，kW/s^2；t 为火灾发展时间，s。

查阅资料发现，根据火灾增长系数的不同设定了 4 种火灾增长分级。根据 4 种燃料的火灾增长系数，绘制出火灾发生时 4 种不同燃料热释放速率时间与热释放速率的关系如表 4-5 所示。各类 T 平方特征火灾的热释放速率曲线见图 4-10。

表 4-5 各类典型可燃物火灾试验与 T 平方火灾的对应关系

火灾增长分级	典型的可燃材料	火灾增长系数/$(kW \cdot s^{-2})$
慢速火	硬木家具	0.00293
中速火	棉质/聚酯垫子	0.01172
快速火	装满的邮件袋、木质货架托盘、泡沫塑料	0.04689
超快火	池火、快速燃烧的装饰家具、轻质窗帘	0.1875

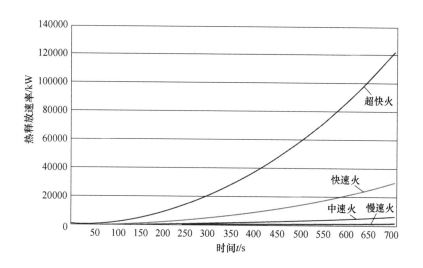

图 4-10 各类 T 平方特征火灾的热释放速率曲线

高温环境下人体可忍耐时间与温度之间的关系（Crane 公式）可用如下公式所示

$$t_c(T) = \frac{3.2810^8}{T^{3.61}} \qquad (4\text{-}28)$$

式中，T 为环境温度，℃；$t_c(T)$ 为人体在此温度下可忍耐时间，min。

与毒气产生伤害模型相类似，同理将高温辐射模型模拟得到的数据作为变量加入社会力模型中，在仿真试验中，个体能实时获取与起火点的距离，在距起火点不同距离的范围

内，个体的受伤害的程度不同，从而导致其速度分别为原速度的 0 倍（表示死亡）、0.7 倍（表示重伤）、0.9 倍（表示轻伤）、2 倍（表示距离很近）、2.5 倍（表示还未受伤，但是感受到威胁），并对原模型进行改进和调试。

4.5.2.3 烟雾造成可见度减小的影响

火灾安全事故发生后都会有大量的固体颗粒物以及悬浮状的液体产生，这些物质具有很强的遮光性，而内部空间狭小又无法自然采光，导致在环境中的行人能见度降低。场景中的能见度越低，行人摸索逃生路线和疏散的时间变得越长。

在燃烧过程中，燃烧产物主要由 CO_2、CO、碳氢化合物（CH）和固体颗粒等组成，燃料热解也会析出燃烧单体、部分氢化产物，在气压的作用下，它们会凝结为微小的液相颗粒（二次粒子）。所有这些产物中，炭黑、二次粒子是烟气的主要成分。定义这部分颗粒的消光率 K_m，它与烟气颗粒的物理性质以及入射光有如下关系

$$K_m = \frac{3}{2\rho_s} \int_{d_{min}}^{d_{max}} \frac{1}{d} \frac{dM_s}{dd} Q_{ext}\left(\frac{d}{\lambda}, \ n_r\right) dd \tag{4-29}$$

式中：ρ_s——眼里颗粒密度；

   d——颗粒直径；

   Q_{ext}——单一颗粒的消光系数，$Q_{ext} = d/\lambda$，λ 为波长。

而可见度可表示为 $D = C/K_m$。

大气中的 N_2、O_2 分子虽然含量较多，但是它们基本不吸收可见光和红外区；H_2O 和 CO_2 分子虽是可见光和近红外区最重要的吸收分子，是大气中光衰减的主要因素，但初期含量比较少；相比固体颗粒，火灾环境下烟粒子对总消光系统的影响比较大，所以能见度的表达式可简化为

$$D = C \left/ \left[M_s \frac{3}{2\rho_s} \int_{d_{min}}^{d_{max}} \frac{1}{d} \frac{dM_s}{dd} Q_{ext}\left(\frac{d}{\lambda}, \ n_r\right) dd \right] \right. \tag{4-30}$$

即 $D = C/[M_s K_m] = C/K$。

式中，K_m 为烟气粒子的消光率；M_s 为烟气粒子的质量浓度；C 为经验常数。由公式分析得出，火灾烟气环境中，能见度主要由烟气质量浓度和烟气颗粒本身决定，而对于同一材料的一般燃烧，K_m 值可以认为是定值（CBSE 出版的 *Fire Engineering* 提供了一般的木材和塑料明火燃烧时发烟的消光率 K_m，约为 $7.6 m^2/g$，热解时的发烟的 K_m 值约为 $4.4 m^2/g$），则得出能见度将主要由发烟量的质量决定。速度的表达式如下所示

$$v(D) = \begin{cases} -2.53 \times \exp\left(-\dfrac{D}{4.22}\right) + 1.226, & 4.7 \leqslant D \leqslant 30 \\ 0.3, & 0 \leqslant D \leqslant 4.7 \end{cases} \tag{4-31}$$

式中，D 为此浓度下火灾烟气的能见度；$v(D)$ 为在可见度为 D 的情况下行人可保持的行走速度，单位为 m/s。当能见度为 4.7m 时，人员的行走速度为 0.3m/s，相当于行人被蒙住眼睛的行走速度。根据公式计算分析，人员在高能见度与低能见度环境下的行走速度相差 3.8 倍。

根据气体扩散模型得到的数据，可以推算出气体模型影响下可见度的分布，继而推算出速度分布的模型，并将得到的速度变量加入社会力模型中。

4.6　考虑机体倾斜的影响

在机体倾斜的情况下，人在运动平面内会受到额外的"倾斜力"作用，具体分析如图 4-11 所示。

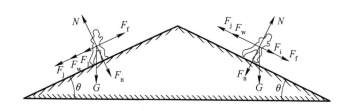

图 4-11　人在坡道上运动的受力分析

图中，F_f 是静摩擦力；F_i 是倾斜力，F_n 为重力在运动方向上的分量；F_w 是空气阻力，与运动方向相反；F_j 是惯性力（在运动学分析时应忽略）。

倾斜力 F_i 的表达式为

$$F_i = G \cdot \sin\theta \tag{4-32}$$

人员在飞机客舱内进行撤离时的主要运动方向沿过道，故撤离效率更易受机体俯仰倾斜影响，且机体整体俯仰倾斜的角度一般在 ±10° 以内。

4.7　考虑人员恐慌情绪的影响

在实际飞机事故应急撤离过程中，由于事故特征的烈度有强有弱，各人员心理特性也有所不同，导致人员在面临事故环境时会出现不同程度及表现的恐慌情绪，而恐慌情绪对应急撤离的影响主要体现为个体感知、判断、决策以及行动能力的改变，具体表现在个体拥挤程度、移动速度、位置竞争情况等方面的变化。为便于进行不同人员恐慌程度下的应急撤离仿真，设置人员恐慌程度参数 panic_level，定义其取值对应的人员情绪状态如表 4-6 所示。

表 4-6　不同参数值对应的恐慌程度

恐慌程度参数	取　值	恐慌程度
panic_level	0	正常
	1~2	轻微紧张
	2~3	轻度恐慌
	3~4	中度恐慌
	4~5	严重恐慌
	5	极度恐慌

对坠撞事故中的人员恐慌情绪做出以下合理假设：假设人员在飞机可生存坠撞事故中存在一定的基础恐慌情绪；假设表 4-6 中的人员恐慌程度与人员受到的过载峰值有关，且两者之间存在线性关系。

基于上述假设，定义人员恐慌程度与其所受的过载峰值间的关系表达式为

$$\text{panic\_ level} = pl_0 + \frac{a_{\mathrm{p}}}{16}(5 - pl_0) \tag{4-33}$$

式中，pl_0 为坠撞事故基础恐慌程度，这里设为 1；a_{p} 为人员受到的过载峰值，取值范围为 $a_{\mathrm{p}} \leqslant 16$。

在社会力模型中，可通过在人员自驱力 F 表达式中引入影响系数的方式模拟人员恐慌情绪影响，即

$$F_{\mathrm{d(panic)}} = k_{\mathrm{panic}} F_{\mathrm{d}} \tag{4-34}$$

其中，k_{panic} 为自驱力恐慌系数，是 panic_level 的函数，定义其表达式为

$$k_{\mathrm{panic}} = \alpha_1 e^{\alpha_2 \cdot \text{panic\_level}} \tag{4-35}$$

式中，α_1、α_2 为自驱力恐慌影响因子。

取 $\alpha_1 = 1$、$\alpha_2 = 0.3$ 为算例，令人员恐慌程度参数 panic_level 分别取 1、2、3、4、5，代表 5 组不同程度坠撞事故中的乘员恐慌程度，进行 5 组 54 人应急撤离社会力仿真，每组重复三次并取结果均值，见表 4-7。

表 4-7　恐慌情绪影响下的人员撤离社会力仿真结果

模拟的载荷峰值	恐慌程度参数	总撤离时间均值/s
0	1	27.902
4.75	2	27.612
8.5	3	28.202
12.25	4	29.608
16	5	31.124

造成总撤离时间随恐慌程度的增加先减少后增多的原因是，当恐慌程度较低时，仿真人员运动速度随着其自驱动力的增大而增大，使得总撤离时间有所减少；当恐慌程度较高时，可能出现因局部拥挤导致队列"断流"的现象（见图 4-12），且出现频率会随恐慌程度的提高而增加，导致总撤离时间增加。

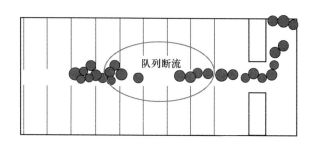

图 4-12　恐慌拥挤导致的队列断流现象

4.8　考虑客舱障碍物的影响

当垂直坠撞速度为 9m/s 时，人员所受冲击过载足以导致伤亡；而当垂直坠撞速度达到 10.5m/s 时，客舱座椅才开始出现轻微破坏，并伴随有少量零件破坏分离。这意味着在飞机可生存坠撞事故中，通过下部货舱结构的变形吸能及破坏，可保护座椅等客舱内部结构无大变形。但是，坠撞冲击可能造成机上行李等物品散落在客舱中，从而形成人员撤离障碍物。

为模拟障碍物对事故中人员应急撤离的影响，首先按其对人员运动的影响方式将障碍物分为"阻挡型"和"迟滞型"两类。其中，阻挡型障碍物不允许人员通过，起阻挡人员的作用，如客舱座椅等；而迟滞型障碍物允许人员通过，但需要付出更多的时间代价，起延缓人员通过的作用，如散落的行李物品等。

（1）考虑阻挡型障碍物

位于出口与头排座位之间的隔挡物体即为阻挡型障碍物，此类障碍物会对足够靠近的仿真人员施加社会力及接触力，可使仿真人员尽量避免与其相撞、绕道而行（如图 4-13 所示），这会增加人员撤离用时。

（2）考虑迟滞型障碍物

为模拟迟滞型障碍物对人员运动的影响，可在社会力模型中对经过此类障碍区域的人员施加"迟滞阻尼力"$\boldsymbol{F}_{\mathrm{delay}}$，其大小与人员运动速度成正比，方向与人员运动速度方向相反，定义表达式为

$$\boldsymbol{F}_{\mathrm{delay}} = - k_{\mathrm{delay}} \boldsymbol{v} \tag{4-36}$$

其中，k_{delay} 为迟滞阻尼系数；$\boldsymbol{v}$ 为人员运动速度。

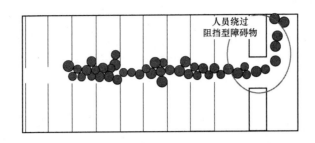

图 4-13 仿真人员绕过阻挡型障碍物

可通过设置不同的迟滞型障碍物区域和 k_{delay} 值，模拟位于不同位置的迟滞型障碍物以及不同迟滞阻尼程度对人员撤离的影响。

第 5 章　元胞自动机

5.1　元胞自动机理论基础

元胞自动机（cellular automata，CA），也有人译为细胞自动机、点格自动机、分子自动机或单元自动机，是时间和空间都离散的动力系统。散布在规则格网（lattice grid）中的每一元胞（cell）取有限的离散状态，遵循同样的作用规则，依据确定的局部规则作同步更新。大量元胞通过简单的相互作用而构成动态系统的演化。不同于一般的动力学模型，元胞自动机不是由严格定义的物理方程或函数确定，而是用一系列模型构造的规则构成。凡是满足这些规则的模型都可以算作是元胞自动机模型。因此，元胞自动机是一类模型的总称，或者说是一个方法框架。其特点是时间、空间、状态都离散，每个变量只取有限多个状态，且其状态改变的规则在时间和空间上都是局部的。

5.1.1　自动机

自动机（automaton）通常指不需要人们逐步进行操作指导的设备（夏培肃，1984）。例如，全自动洗衣机可按照预先安排好的操作步骤自动地运行；现代计算机能自动地响应人工编制的各种编码指令，完成各种复杂的分析与计算；机器人则将自动控制系统和人工智能结合，实现人类的一系列活动。另一方面，自动机也可视为一种离散数字动态系统的数学模型。例如，英国数学家 A. M. Turing 于 1936 年提出的图灵机就是一个描述计算过程的数学模型。它是由一个有限控制器、一条无限长存储带和一个读写头构成的抽象的机器，可执行如下操作：

读写头在存储带上向左移动一格；

读写头在存储带上向右移动一格；

在存储的某一格内写下或清除一符号；

条件转移。

图灵机在理论上能模拟现代数字计算机的一切运算，可视为现代数字计算机的数学模型。实际上，一切"可计算"函数都等价于图灵机可计算函数，而图灵机可计算函数类又等价于一般递归函数类。

根据存储带是否有限，可将自动机划分为有限带自动机（finite automaton，FA）和无限带自动机（infinite automaton，IA）。由于图灵机有无限长的存储带，所以为一种无限带自动机。有限带自动机常用作数字电路的数学模型，也用来描述神经系统和算法；而无限带自动机主要用来描述算法，也用来描述繁殖过程（如细胞型自动机和网络型自动机）。

有限自动机是一种控制状态有限、符号集有限的自动机，是一种离散输入输出系统的数学模型。可将有限自动机设想成由一条划分为许多方格的输入带和一个控制器组成的机器：在输入带的每一个小格中可以容纳一个符号，这些符号取自一个有限符号集 S。控制器具有有限个可能状态（构成集合 Q），并在每一时刻仅处于其中的一个状态 q；控制器有一个读入头，可以从输入带中读入符号；时间是离散的，初始时控制器处在状态 g；控制器的功能是根据其当前状态 g 和读入头从输入带上得到的符号 a，来确定控制器的下一时刻的状态，实现从状态 q 到状态 q' 的转移，并将读入头右移一格。控制器另一功能是识别终止状态（它们构成 Q 的一个子集 F），也可将该识别功能视为有限自动机的输出。

从数学上来定义，有限自动机（FA）是一个五元组

$$\text{FA} = (Q, \ S, \ \delta, \ q_0, \ F) \tag{5-1}$$

式中，Q 是控制器的有限状态集；S 是输入符号的有限集，δ 是控制状态转移规律的 $Q \times S$ 到 Q 的映射（可用状态转移图或状态转移表表示）；q_0 是初始状态，F 是终止状态集。若 δ 是单值映射，则称 M 为确定性有限自动机；若 δ 是多值映射，则称 M 为非确定性有限自动机。

元胞自动机是由空间上各项同性的一系列元胞所组成，是在有限元胞自动机基础上发展起来的，用于模拟和分析几何空间内的各种现象。

5.1.2 典型的元胞自动机

在元胞自动机的发展过程中，科学家们构造了各种各样的元胞自动机模型。其中，以下几个典型模型对元胞自动机的理论方法的研究起到了极大的推动作用，因此，它们又被认为是元胞自动机发展历程中的几个里程碑。

5.1.2.1 S. Wolfram 和初等元胞自动机

初等元胞自动机（elementary cellular automata，ECA）是状态集 S 只有两个元素 $\{S_1, S_2\}$，即状态个数 $k = 2$，邻居半径 $r = 1$ 的一维元胞自动机（谢惠民，1994；李才伟，1997；Wolfram S.，1986）。它几乎是最简单的元胞自动机模型。由于在 S 中具体采用什么符号并不重要，它可取 $\{0, 1\}$，$\{-1, 1\}$，$\{$静止，运动$\}$，$\{$黑，白$\}$，$\{$生，死$\}$ 等，这里重要的是 S 所含的符号个数，通常我们将其记为 $\{0, 1\}$。此时，邻居集 N 的个数 $2r = 2$，局部映射 $f: S_3 \rightarrow S$ 可记为

$$S_i^{t+1} = f(S_{i-1}^t, \ S_i^t, \ S_{i+1}^t) \tag{5-2}$$

式中，变量有三个，每个变量取两个状态值，那么就有 $2 \times 2 \times 2 = 8$ 种组合，只要给出在这 8 个自变量组合上的值，f 就完全确定了。例如，以下映射便是其中的一个规则

t	111	110	101	100	011	010	001	000
$t+1$	0	1	0	0	1	1	0	0

图 5-1　映射举例

通常这种规则也可表示为图 5-2 的图形方式（黑色方块代表 1，白色方块代表 0）。

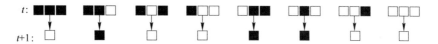

图 5-2　图形方式

这样，对于任何一个一维的 0，1 序列，应用以上规则，可以产生下一时刻的相应的序列。以下序列就是应用以上规则产生的

t：010111110101011100010

$t+1$：1010001010101010001

以上 8 种组合分别对应 0 或 1，因而这样的组合共有 $2^8 = 256$ 种，即初等元胞自动机只可能有 256 种不同规则。Wolfram 定义由上述 8 种构型产生的 8 个结果组成一个二进制（注意高低位顺序），如上可得 01001100，然后计算它的十进制值 R

$$R - \sum_{i=0}^{i=7} S_r 2^i = 76 \tag{5-3}$$

R 在 ［0，255］ 内，Wolfram 定义 R 为初等元胞自动机的标号，则上面的元胞自动机模型就是 76 号初等元胞自动机。

Wolfram 对这 256 种模型一一进行了详细而深入的研究。研究表明，尽管初等元胞自动机是如此简单，但它们表现出各种各样的高度复杂的空间形态。经过一定时间，有些元胞自动机生成一种稳定状态，或静止，或产生周期性结构，那么，有些产生自组织、自相似的分形（fractal）结构。Wolfram 借用分形理论计算了它们的维数约为 1.59 或 1.69（Wolfram S.，1983）。但 256 种元胞自动机中没有一种属于 Wolfram 元胞自动机动力学分类，因而得出第四种，即所谓复杂型。

Wolfram 对一维元胞自动机，尤其是初等元胞自动机的深入研究奠定了元胞自动机理论的基石，并对元胞自动机的理论研究，以及后来的人工生命研究和近来兴起的复杂性科学（science of complexity）研究做出了卓越的贡献。

5.1.2.2　J. Conway 和"生命游戏"

生命游戏（Game of Life）是 J. H. Conway 在 20 世纪 60 年代末设计的一种单人玩的计算机游戏。它与现代的围棋游戏在某些特征上略有相似：围棋中有黑白两种棋子。生命游戏中的元胞有 ｛"生"，"死"｝ 两个状态 ｛0，1｝；围棋的棋盘是规则划分的网格，黑白两子在空间的分布决定双方的死活，而生命游戏也是规则划分的网格（元胞似国际象棋分

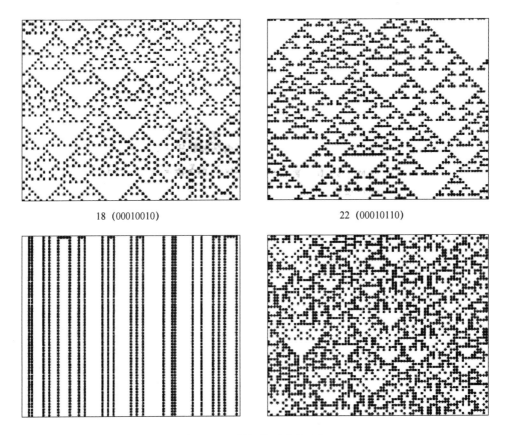

18 (00010010)　　　　　　　22 (00010110)

图 5-3　几种初等元胞自动机

（图中的纵向坐标为时间，反映一堆元胞自动机随时间的演化）

布在网格内，而不像围棋的棋子分布在格网交叉点上），根据元胞的局部空间构型来决定生死，只不过规则更为简单。下面介绍生命游戏的构成及规则：

（1）元胞分布在规则划分的网格上；

（2）元胞具有 0，1 两种状态，0 代表"死"，1 代表"生"；

（3）元胞以相邻的 8 个元胞为邻居，即 Moore 邻居形式；

（4）一个元胞的生死由其在该时刻本身的生死状态和周围 8 个邻居的状态（确切讲是状态的和）决定；

在当前时刻，如果一个元胞状态为"生"，且 8 个相邻元胞中有两个或三个的状态为"生"，则在下一时刻该元胞继续保持为"生"，否则"死"去；

在当前时刻，如果一个元胞状态为"死"，且 8 个相邻元胞中正好有三个为"生"，则该元胞在下一时刻"复活"，否则保持为"死"。

尽管它的规则看上去很简单，但生命游戏是具有产生动态图案和动态结构能力的元胞自动机模型。它能产生丰富的、有趣的图案，见图 5-4。生命游戏的优化与初始元胞状态值的分布有关。给定任意的初始状态分布，经过若干步的运算，有的图案会很快消失，而有的图案则固定不动,有的周而复始重复两个或几个图案,有的蜿蜒而行。有的则保持图案定向移动,形似阅兵阵。其中最为著名的是"滑翔机"(glider)图案。

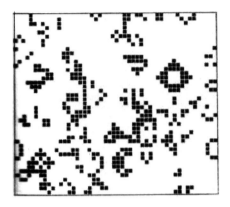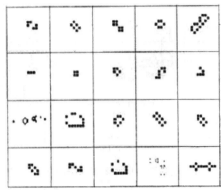

图 5-4　生命游戏及若干常见的图案

(Winlife 软件产生)

生命游戏模型已在多方面得到应用。其演化规则近似地描述了生物群体的生存繁殖规律:在生命密度过小(相邻元胞数<2)时,由于孤单、缺乏配种繁殖机会、缺乏互助也会出现生命危机,元胞状态值由 1 变为 0;在生命密度过大(相邻元胞数>3)时,由于环境恶化、资源短缺以及相互竞争而出现生存危机,元胞状态值由 1 变为 0;只有处于个体适中(相邻元胞数为 2 或 3)位置的生物才能生存(保持元胞的状态值为 1)和繁衍后代(元胞状态值由 0 变为 1)。正由于它能够模拟生命活动中的生存、灭绝、竞争等复杂现象,因而得名"生命游戏"。J. H. Conway 还证明,这个元胞自动机具有通用图灵机的计算能力(谢惠民,1994;李才伟,1997),与图灵机等价,也就是说给定适当的初始条件,生命游戏模型能够模拟任何一种计算机。

从数学模型的角度看,该模型将平面划分成方格棋盘,每个方格代表一个元胞。

元胞状态:0 死亡,1 活着

领域半径:1

领域类型:Moore 型

$$\text{演化规则:} \textcircled{1} \text{若} S^t = 1, \text{则} S^{r+1} = \begin{cases} 1, & S = 2, 3 \\ 0, & S \neq 2, 3 \end{cases}$$

$$\textcircled{2} \text{若} S^t = 0, \text{则} S^{r+1} = \begin{cases} 1, & S = 3 \\ 0, & S \neq 3 \end{cases} \quad (5-4)$$

式中,S^t 表示 t 时刻元胞的状态;S 为 8 个相邻元胞中活着的元胞数。

另外,需要指出的是,目前随着人们对"生命游戏"研究的深入,产生了许多变种和扩展。在 20 世纪 80 年代末,A. K. Dewdney(1987)和 C. Bays(1987)、Dewdney(1990)将 Conway 的生命游戏扩展到了三维空间上,构建了三维生命游戏,并对其规则做了具有普遍性的扩展（见图5-5）。Bays 的学生 Lee Meeker 在此基础上进一步构建了四维的生命游戏。另外，Gardner（1970、1971、1983）等人也在这方面做了很多进一步的研究工作。

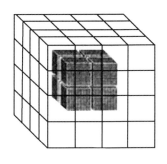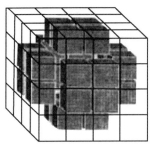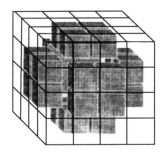

图 5-5 三维生命游戏

对游戏规则的扩展主要是引入了 4 个参数 E_b、E_k、F_b、F_k，E_b 表示对于一个"活"元胞，在下一个时刻，继续保持其状态所需要的最少的"活"邻居的数目，而 F_b 则表示对于一个"死"元胞，在下一时刻，"复活"所需要的最小的"活"邻居的数目，E_k 和 F_k 则分别表示上述情况的上限值。演化规则修改为

$$① 若 S^t = 1，则 S^{t+1} = \begin{cases} 1, & k_1 \leq S \leq k_2 \\ 0, & S < k_1 \text{ 或 } S > k_2 \end{cases}$$

$$② 若 S^t = 0，则 S^{t+1} = \begin{cases} 1, & k_3 \leq S \leq k_4 \\ 0, & S < k_3 \text{ 或 } S > k_4 \end{cases} \tag{5-5}$$

5.1.2.3 格子气自动机

格子气自动机（lattice-gas automata，LGA，又称格气机），是元胞自动机在流体力学与统计物理中的具体化，也是元胞自动机在科学研究领域成功应用的范例（李才伟，1997）。相对于"生命游戏"来说，格子气自动机更注重于模型的实用性。它利用元胞自动机的动态特征，来模拟流体粒子的运动。

第一个时空、速度等变量完全离散的格子气自动机是 1973 年由法国人 J. Hardy、Y. Pomeau 和 O. Pazzis 提出的 HPP 模型，它的模拟结果已经很接近流体力学中描述流体运动的 Navier-Strokes 方程。但模型中的流体粒子的运动只允许有 4 个方向，造成应力张量各向异性的致命弱点，尚不能充分反映流体的特征，因此在较长时间内没有受到足够的重视。直到 20 世纪 80 年代，S. Wolfram 等人的研究工作使得元胞自动机理论产生了质的飞跃，同时也带动了格子气自动机的进一步发展。1986 年，法国人 U. Frish、Y. Pomeau 和美国人 B. Hasslacher 在 HPP 模型的基础上提出了一个有实用价值的、基于六角形网络的格子气自动机模型，名为 FHP（Fritsch-Hasslacher-Pomeau）模型，并证明该模型的宏观行为符合标准的 Navier-Stokes 方程（李才伟，1997）。FHP 模型是第一个成功的格子气模型，并激发了研究格子气模型研究的热潮，人们在几年内发表了数百篇论文，其中包括 Gerhart（l995）、Lim（1988）、Xiao-Guang Wu（1994）、李元香（1991）等人的进一步工作。在 90 年代中后期，一种被称为格点玻耳兹曼方程（Lattice Boltzmann）的改进模型逐步取代了原有的格气模型。

应当说，格子气自动机是一种特殊的元胞自动机模型，或者说是一个扩展的元胞自动机模型（extended cellular automata）。以早期的格子气模型为例，其特征描述如下：

①由于流体粒子不会轻易从模型空间中消失，这个特征需要格子气自动机是一个可逆元胞自动机模型。

②格子气自动机的邻居模型通常采用 Margulos 类型，即它的规则基于一个 2×2 的网格空间。它的规则形似图 5-6。

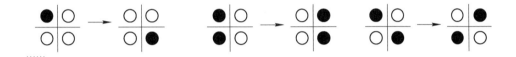

图 5-6　2×2 网格空间

这里黑色球代表流体粒子，白色球代表空的元胞。可以看出，格子气自动机不同于其他的元胞自动机模型，以一个元胞（常被称为中心元胞）为研究对象，考虑其状态的转换，而是考虑包含 4 个元胞的一个四方块。

③依照上述规则以及邻居模型在计算完一次后，需要将这个 2×2 的模板沿对角方向滑动，再计算一次。那么，一个流体粒子的运动需要两步 t-t+1-t+2 才能完成。

从时间和空间的角度看，格子气自动机相对其他的元胞自动机模型具有较为独有的特征。格气自动机作为一种特殊类型的元胞自动机已成为流体动力学中的一个重要领域，几乎独立于元胞自动机研究之外了。

5.1.2.4　Langton 和"能自我复制的元胞自动机"

元胞自动机是一种离散的动态模型，由于它可以模拟自组织、自繁殖、信息储存和传递等现象，被广泛地应用于生命现象的研究中。目前兴起的人工生命的研究就是来源于对元胞自动机的深入研究，其主要论点认为"自我复制"乃生命的核心特征。聚集在美国新墨西哥州的圣达菲研究所（Santa Fe Institute）的科学家们在这方面做了很多深入的工作，最著名的成果之一就是 Christopher Langton 在二维元胞自动机中发现的一个能自我复制的"圈"或称"能自我复制的元胞自动机"（谭跃进等，1996；Longton C. G.，1987）。当然，他的研究基于先前一系列研究基础之上。

Langton 在冯·诺依曼（von Neumann）和 Codd 工作的基础上，设计了一个能自我复制的"圈"。元胞状态在（0，1，2，3，4，5，6，7）中取值，其中，0、1、2、3 构成元胞自动机的基本结构，04、05、06、07 代表信号。1 代表“核”元胞；2 代表“壳”元胞，是边界；2 包围的部分构成信息通道或称数据路径。邻居模型采用冯·诺依曼的 4 邻居模型。

元胞自动机通过信号元胞替代相邻的元胞（如状态为 1 的元胞）而完成信号传递。信号传播的过程可以通过图 5-7 的例子说明。

```
              t:                                      t+1:
2 2 2 2 2 2 2 2 2 2 2 2 2            2 2 2 2 2 2 2 2 2 2 2 2 2
1 1 1 0 s 1 1 1 1 1 1 1 1   ──→      1 1 1 1 0 s 1 1 1 1 1 1 1
2 2 2 2 2 2 2 2 2 2 2 2 2            2 2 2 2 2 2 2 2 2 2 2 2 2
```

图 5-7　信号传播过程举例

数据路径可以分支，在分支的节点处，信号在各个分支中复制本身，产生多个复制品。

图 5-8 中，07 信号在 T 形的交叉点处复制自身。

```
            t:                                   t+1:
          2 1 2                                2 1 2
          2 1 2                                2 1 2
          2 1 2                                2 1 2
2 2 2 2 2 2 1 2 2 2 2 2 2          2 2 2 2 2 2 1 2 2 2 2 2 2
1 1 1 1 0 7 1 1 1 1 1 1 1          1 1 1 1 1 0 7 1 1 1 1 1 1
2 2 2 2 2 2 1 2 2 2 2 2 2          2 2 2 2 2 2 2 2 2 2 2 2 2

           t+2:                                 t+3:
          2 1 2                                2 1 2
          2 1 2                                2 1 2
          2 1 2                                2 7 2
2 2 2 2 2 2 1 2 2 2 2 2 2          2 2 2 2 2 2 0 2 2 2 2 2 2
1 1 1 1 1 1 0 7 1 1 1 1 1          1 1 1 1 1 1 1 0 7 1 1 1 1
2 2 2 2 2 2 2 2 2 2 2 2 2          2 2 2 2 2 2 2 2 2 2 2 2 2
```

图 5-8　07 信号在 T 形的交叉点处复制自身

这个元胞自动机模型的另外一个重要特征就是路径扩张。即一定的信号可以产生数据路径的延伸，如图 5-9 所示。

```
  2 2 2 2 2 2 2 2 2 2         2 2 2 2 2 2 2 2 2 2         2 2 2 2 2 2 2 2 2 2 2
1 0 6 1 1 0 1 1 1 1 2 ──→ 1 1 1 1 1 0 6 1 1 1 1  ──→  1 1 1 1 1 1 1 1 1 1 1 2
  2 2 2 2 2 2 2 2 2 2         2 2 2 2 2 2 2 2 2 2         2 2 2 2 2 2 2 2 2 2 2
```

图 5-9　路径扩张

有了上面的论述，图 5-10 的具有路径扩张的、能自我复制的“圈”的工作机理应当容易理解了。

```
2 2 2 2 2 2
2 0 1 1 6 0 1 2
2 7 2 2 2 2 1 2
2 1 2        2 1 2
2 1 2        2 1 2
2 2 2 2 2 2 7 2 2 2 2 2 2 2 2 2 2 2 2
2 1 0 6 1 1 0 7 1 1 1 1 0 0 1 1 0 7 1 1 2
2 2 2 2 2 2 2 2 2 2 2 2 2 2 2 2 2 2 2
```

图 5-10　具有路径扩张的、能自我复制的"圈"工作机理

5.2　元胞自动机的定义

尽管元胞自动机有着较为宽松，甚至近乎模糊的构成条件，但作为一个数理模型，元胞自动机有着严格的科学定义。同时，元胞自动机是一个地地道道的"混血儿"，它是物理学家、数学家、计算机科学家和生物学家共同工作的结晶。因此，对元胞自动机的含义也存在不同的解释。物理学家将其视为离散的、无穷维的动力学系统；数学家将其视为描述连续现象的偏微分方程的对立体，是一个时空离散的数学模型；计算机科学家将其视为新兴的人工智能、人工生命的分支；而生物学家则将其视为生命现象的一种抽象。下面给出几种常见的定义。

5.2.1　元胞自动机的物理学定义

元胞自动机是定义在一个由具有离散、有限状态的元胞组成的元胞空间上，并按照一定局部规则，在离散的时间维上演化的动力学系统。

具体讲，构成元胞自动机的部件被称为"元胞"，每个元胞具有一个状态。这个状态只遴取某个有限状态集中的一个，例如，或"生"或"死"，或者是 256 种颜色中的一种等；这些元胞规则地排列在被称为"元胞空间"的空间格网上。它们各自的状态随着时间变化，而根据一个局部规则来进行更新。也就是说，一个元胞在某时刻的状态取决于，而且仅仅取决于上一时刻该元胞的状态，以及该元胞的所有邻居元胞的状态。元胞空间内的元胞依照这样的局部规则进行同步的状态更新，整个元胞空间则表现为在离散的时间维上的变化。

5.2.2　元胞自动机的数学定义

美国数学家 L. P. Hurd 和 K. Culik 等人在 20 世纪 90 年代初，对元胞自动机分别从集合论和拓扑学等角度进行了严格描述和定义（谢惠民，1994；Culik, K. , 1990；李才伟，1997）。

（1）基于集合论的定义

设 d 代表空间维数，k 代表元胞的状态，并在一个有限集合 S 中取值，r 代表元胞的

邻居半径。$\mathbf{Z}$ 是整数集，表示一维空间，t 代表时间。

为叙述和理解上简单起见，在一维空间上考虑元胞自动机，即假定 $d=1$。那么整个元胞空间就是在一维空间，将整数集 $\mathbf{Z}$ 上的状态集 S 的分布，记为 $S^{\mathbf{Z}}$。元胞自动机的动态演化就是在时间上状态组合的变化，可以记为

$$F: S_t^{\mathbf{Z}} \rightarrow S_{t+1}^{\mathbf{Z}} \tag{5-6}$$

这个动态演化又由各个元胞的局部演化规则 f 所决定。这个局部函数 f 通常又常常被称为局部规则。对于一维空间，元胞及其邻居可以记为 S^{2r+1}，局部函数则可以记为

$$f: S_t^{2r+1} \rightarrow S_{t+1} \tag{5-7}$$

对于局部规则 f 来讲，函数的输入、输出集均为有限集合，实际上，它是一个有限的参照表。例如，$r=1$，f 的形式则形似如下：$[0, 0, 0] \rightarrow 0$；$[0, 0, 1] \rightarrow 0$；$[0, 1, 0] \rightarrow 1$；$[1, 0, 0] \rightarrow 0$；$[0, 1, 1] \rightarrow 1$；$[1, 0, 1] \rightarrow 0$；$[1, 1, 0] \rightarrow 0$；$[1, 1, 1] \rightarrow 0$。对元胞空间内的元胞，独立施加上述局部函数，则可得到全局的演化

$$F(c_{t+1}^i) = f(c_t^{i-r}, \cdots, c_t^i, \cdots, c_t^{i+r}) \tag{5-8}$$

c_t^i 表示在位置 i 处的元胞，至此，我们就得到了一个元胞自动机模型。

（2）元胞自动机的拓扑学定义

为描述和理解方便，同样假定维数 d 为 1。设 S 为 k 个符号的有限集。$\mathbf{Z}$ 为整数全体的集合，称 $\mathbf{Z}$ 到 S 的映射的全体 $S^{\mathbf{Z}}$ 为构型空间。显然 $S^{\mathbf{Z}}$ 就是用 S 中的符号组成的双侧无限的符号序列的全体，即一维元胞自动机的所有构型的集合，称 $a = (\cdots a_{-1} a_0 a_1 \cdots)$ 为构型空间中的点。

在 $S^{\mathbf{Z}}$ 中引进任意两点 x 和 y 之间的距离

$$d(x, y) = \sum \delta(x_i, y_i) 2^{-|i|} \tag{5-9}$$

式中，当 $x_i = y_i$ 时 $\delta(x_i, y_i) = 0$，当 $x_i \neq y_i$ 时 $\delta(x_i, y_i) = 1$。然后。在 $S^{\mathbf{Z}}$ 中可以建立起开、闭、紧等拓扑概念。

在 $S^{\mathbf{Z}}$ 中定义移位算子 δ 为 $\delta(x_i) = x_{i-1}$，$i \in \mathbf{Z}$。若连续映射 $F: S^{\mathbf{Z}} -> S^{\mathbf{Z}}$ 与 δ 可交换，即 $F\delta = \delta F$，或对任意的 $x \in S^{\mathbf{Z}}$ 有 $F(\delta(x)) = \delta(F(x))$，则称 F 为元胞自动机（谢惠民，1994）。

对于以上定义，我们很容易将它扩展到一个任意维空间，所要做的工作只是将 $S^{\mathbf{Z}}$ 记为 $S^{\mathbf{Z}^d}$，S^{2r+1} 记为 $S^{(2r+1)^d}$ 等，同时对一些描述作相应改变即可。

5.3 元胞自动机的构成

元胞自动机最基本的组成有元胞、元胞空间、邻居及规则四部分（见图 5-11）。简单讲，元胞自动机可以视为由一个元胞空间和定义于该空间的变换函数所组成。

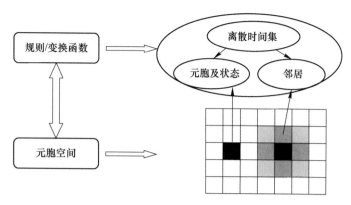

图 5-11　元胞自动机的组成

5.3.1　元胞

元胞又可称为单元，或基元，是元胞自动机的最基本的组成部分。元胞分布在离散的一维、二维或多维欧几里得空间的网格上。

5.3.2　状态

状态可以是 $\{0, 1\}$ 的二进制形式，或是 $\{s_0, s_1, \cdots, s_i, \cdots, s_k\}$ 整数形式的离散集。严格意义上，元胞自动机的元胞一般只能有一个状态变量。每个元胞有有限个元胞作为它的邻居。

5.3.3　元胞空间

元胞分布所在的空间格点集合就是这里的元胞空间。

（1）元胞空间的几何划分

理论上，它可以是任意维数的欧几里得空间规则划分。目前的研究多集中在一维和二维元胞自动机上。对于一维元胞自动机，元胞空间的划分只有一种。而高维的元胞自动机，元胞空间的划分则可能有多种形式。对于最为常见的二维元胞自动机，元胞空间通常可按三角形、四方或六边形三种网格排列（见图 5-12）。

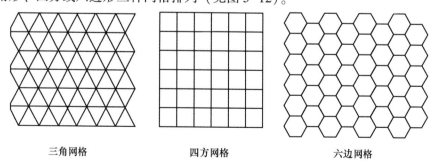

三角网格　　　　　　四方网格　　　　　　六边网格

图 5-12　二维元胞自动机的三种网格划分

这三种元胞空间划分规则在建模时各有优缺点。

三角形网格的优点是拥有相对较少的邻居数目，这在某些时候很有用；其缺点在于不方便以计算机语言表达与显示，需要转换为四方网格。

四方网格的优点是直观而简单，而且特别适合于在现有计算机环境下进行表达显示；其缺点是不能较好地模拟各向同性的现象，如格子气模型中的 HPP 模型。

六边形网格的优点是能较好地模拟各向同性的现象，因此，模型能更加自然而真实，如格子气模型中的 FHP 模型；其缺点同三角网格一样，在表达显示上较为困难、复杂。

（2）边界条件

在理论上，元胞空间通常在各维向上是无限延展的，这有利于理论上的推理和研究。但是在实际应用过程中，我们无法在计算机上实现这一理想条件，因此，需要定义不同的边界条件。归纳起来，边界条件主要有三种类型：周期型、反射型和定值型。有时，在应用中，为更加客观、自然地模拟实际现象，还有可能采用随机型，即在边界实时产生随机值。

周期型（periodic boundary）是指相对边界连接起来的元胞空间。对于一维空间，元胞空间表现为一个首尾相接的"圈"。对于二维空间，上下相接，左右相接，而形成一个拓扑圆环面（torus），形似车胎或甜点圈。周期型空间与无限空间最为接近，因而在理论探讨时，常以此类空间型作为试验。反射型（reflective boundary）指在边界外邻居的元胞状态是以边界为轴的镜面反射。定值型（constant boundary）指所有边界外元胞均取某一固定常量，如 0、1 等。

需要指出的是，这三种边界类型在实际应用中，尤其是二维或更高维数的建模时，可以相互结合。如在二维空间中，上下边界采用反射型，左右边界可采用周期型（相对边界中，不能一方单方面采用周期型）。

（3）邻居

以上的元胞及元胞空间只表示了系统的静态成分，为将动态过程引入系统，必须加入演化规则。在元胞自动机中，这些规则是定义在空间局部范围内的，即一个元胞下一时刻的状态取决于本身状态和它的邻居元胞的状态。因而，在指定规则之前，必须定义一定的邻居规则，明确哪些元胞属于该元胞的邻居。在一维元胞自动机中，通常以半径来确定邻居，距离一个元胞半径距离内的所有元胞均被认为是该元胞的邻居。二维元胞自动机的邻居定义较为复杂，但通常有以下几种形式（我们以最常用的规则四方网格划分为例），见图 5-13，黑色元胞为中心元胞，灰色元胞为其邻居，它们的状态一起来计算中心元胞在下一时刻的状态。

①冯·诺依曼（von Neumann）型

一个元胞的上、下、左、右相邻 4 个元胞为该元胞的邻居。这里，邻居半径 r 为 1，相当于图像处理中的四邻域、四方向。其邻居定义如下

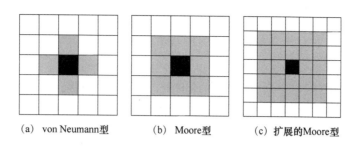

（a） von Neumann型　　　（b） Moore型　　　（c） 扩展的Moore型

图 5-13　几种二维元胞自动机邻居形式

$$N = \{v_i = (v_{ix}, v_{iy}) \mid |v_{ix} - v_{ox}| + |v_{iy} - v_{oy}| \leqslant 1, (v_{ix}, v_{iy}) \in \mathbf{Z}^2\} \qquad (5\text{-}10)$$

式中：v_{ix}，v_{iy}——邻居元胞的行列坐标值；

　　　　v_{ox}，v_{oy}——中心元胞的行列坐标值。

此时，对于四方网格，在维数为 d 时，一个元胞的邻居个数为 $2d$。

②摩尔（Moore）型

一个元胞的上、下、左、右、左上、右上、左下、右下相邻 8 个元胞为该元胞的邻居。邻居半径 r 同样为 1，相当于图像处理中的 8 邻域、8 方向。其邻居定义如下

$$N = \{v_i = (v_{ix}, v_{iy}) \mid |v_{ix} - v_{ox}| \leqslant 1, |v_{iy} - v_{oy}| \leqslant 1, (v_{ix}, v_{iy}) \in \mathbf{Z}^2\} \qquad (5\text{-}11)$$

式中：v_{ix}，v_{iy}——邻居元胞的行列坐标值；

　　　　v_{ox}，v_{oy}——中心元胞的行列坐标值。

此时，对于四方网格，在维数为 d 时，一个元胞的邻居个数为 $3d-1$。

③扩展的摩尔（Moore）型

将摩尔型的邻居半径 r 扩展为 2 或者更大，即得到所谓扩展的摩尔型邻居。其数学定义可以表示为

$$N = \{v_i = (v_{ix}, v_{iy}) \mid |v_{ix} - v_{ox}| \leqslant r, |v_{iy} - v_{oy}| \leqslant r, (v_{ix}, v_{iy}) \in \mathbf{Z}^2\} \qquad (5\text{-}12)$$

式中：v_{ix}，v_{iy}——邻居元胞的行列坐标值；

　　　　v_{ox}，v_{oy}——中心元胞的行列坐标值。

此时，对于四方网格，在维数为 d 时，一个元胞的邻居个数为 $(2r + 1) \times d - 1$。

（4）规则

根据元胞当前状态及其邻居状况确定下一时刻该元胞状态的动力学函数，简单讲，就是一个状态转移函数。一个元胞的所有可能状态连同负责该元胞的状态变换的规则一起称为一个变换函数。这个函数构造了一种简单的、离散的空间/时间的局部物理成分。第 i 个元胞在 $t+1$ 时刻的状态是由第 i 个元胞在时刻 t 的状态，以及其邻域内的有限个元胞在时刻 t 的状态共同决定的。它可以记为

$$f: s_i^{t+1} = f(s_i^t, S_N^t) \qquad (5\text{-}13)$$

式中：S_N^t——t 时刻的邻居状态组合。

我们称 f 为元胞自动机的局部映射或局部规则。

（5）时间

元胞自动机是一个动态系统，它在时间维上的变化是离散的，即时间 t 是一个整数值，而且连续等间距。假设时间间距 $dt=1$，若 $t=0$ 为初始时刻。那么，$t=1$ 为其下一时刻。在上述转换函数中，一个元胞在 $t+1$ 的时刻只（直接）决定于 t 时刻的该元胞及其邻居元胞的状态，虽然，在 $t-1$ 时刻的元胞及其邻居元胞的状态间接（时间上的滞后）影响了元胞在 $t+1$ 时刻的状态。

由以上对元胞自动机的构成分析，我们可以更加深入地理解元胞自动机的概念。用数学符号来表示，标准的元胞自动机是一个四元组

$$A = (L_d, \ S, \ N, \ f) \tag{5-14}$$

式中：A——一个元胞自动机系统；

L——元胞空间；

d——正整数，表示元胞自动机内元胞空间的维数；

S——元胞的有限的、离散的状态集合；

N——一个所有邻域内元胞的组合（包括中心元胞）；

f——将 S_N 映射到 s 上的一个局部转换函数。

5.4　元胞自动机的一般特征

从元胞自动机的构成及其规则上分析，标准的元胞自动机应具有以下几个特征：

（1）同质性、齐性。同质性反映在元胞空间内的每个元胞的变化都服从相同的规律，即元胞自动机的规则，或称为转换函数；而齐性指的是元胞的分布方式相同，大小、形状相同，空间分布规则整齐。

（2）空间离散：元胞分布在按照一定规则划分的离散的元胞空间上。

（3）时间离散：系统的演化是按照等间隔时间分步进行的，时间变量 t 只能取等步长的时刻点，形似整数形式的 t_0，$t+1$，$t+2$，$\cdots$，而且，t 时刻的状态构型只对其下一时刻，即 $t+1$ 时刻的状态构型产生影响，而 $t+2$ 时刻的状态构型完全决定于 $t+1$ 的状态构型及定义在上面的转换函数。元胞自动机的时间变量区别于微分方程中的时间变量 t，那里 t 通常是个连续值变量。

（4）状态离散有限：元胞自动器的状态只能取有限（k）个离散值（s_1，s_2，$\cdots$，s_k）。相对于连续状态的动力系统，它不需要经过粗粒化处理就能转化为符号序列。而在实际应用中，往往需要将有些连续变量进行离散化，如分类、分级，以便于建立元胞自动机模型。

（5）同步计算（并行性）：各个元胞在时刻 t_i+1 的状态变化是独立的行为，相互没有任何影响。若将元胞自动机的构型变化看成是对数据或信息的计算或处理，则元胞自动机的处理是同步进行的，特别适合于并行计算。

（6）时空局部性：每一个元胞的下一时刻 t_i+1 的状态，取决于其周围半径为 r 的邻域（或者其他形式邻居规则定义下的邻域）中的元胞的当前时刻 t_i 的状态，即所谓时间、空间的局部性。从信息传输的角度来看，元胞自动机中信息的传递速度是有限的。

（7）维数高：在动力系统中一般将变量的个数称为维数。例如，将区间映射生成的动力系统称为一维动力系统；将平面映射生成的动力系统称为二维动力系统；对于偏微分方程描述的动力系统则称为无穷维动力系统。从这个角度来看，由于任何完备元胞自动机的元胞空间是定义在一维、二维或多维空间上的无限集，每个元胞的状态便是这个动力学系统的变量。因此，元胞自动机是一类无穷维动力系统。在具体应用中或计算机模拟时当然不可能处理无限个变量，但一般也总是处理数量很大的元胞组成的系统。因此可以说维数高是元胞自动机研究中的一个特点。

在实际应用过程中，许多元胞自动机模型已经对其中的某些特征进行了扩展，例如，圣托斯州立大学（San Tose State University）研究的所谓连续型的元胞自动机，其状态就是连续的。但正如我们在元胞自动机的概念分析中指出的，在上述特征中，同质性、并行性、局部性是元胞自动机的核心特征，任何对元胞自动机的扩展应当尽量保持这些核心特征，尤其是局部性特征。

元胞自动机的构建没有固定的数学公式，构成方式繁杂，变种很多，行为复杂。故其分类难度也较大，自元胞自动机产生以来，对于元胞自动机分类的研究就是元胞自动机的一个重要的研究课题和核心理论。基于不同的出发点，元胞自动机可有多种分类，其中，最具影响力的当属 S. Wolfram 在 20 世纪 80 年代初做的基于动力学行为的元胞自动机分类，而基于维数的元胞自动机分类也是最简单和最常用的划分。当前学者们将所有元胞自动机的动力学行为归纳为四大类：

（1）平稳型：自任何初始状态开始，经过一定时间运行后，元胞空间趋于一个空间平稳的构型，这里的空间平稳指每一个元胞处于固定状态，不随时间变化而变化。

（2）周期型：经过一定时间运行后，元胞空间趋于一系列简单的固定结构（stable patterns）或周期结构（periodical patterns）。由于这些结构可看作是一种滤波器（filter），故可应用到图像处理的研究中。

（3）混沌型：自任何初始状态开始，经过一定时间运行后，元胞自动机表现出混沌的非周期行为，直至所生成的结构的统计特征不再改变为止，通常表现为分形分维特征。

（4）复杂型：出现复杂的局部结构，或者说是局部的混沌，其中有些会不断地传播。从另一角度，元胞自动机可视为动力系统，因而可将初试点、轨道、不动点、周期轨和终极轨等一系列概念用到元胞自动机的研究中。

上述分类，又可以分别描述为；

（1）均匀状态，即点态吸引子，或称不动点；

（2）简单的周期结构，即周期性吸引子，或称周期轨；

（3）混沌的非周期性模式，即混沌吸引子；

（4）这第四类行为可以与生命系统等复杂系统中的自组织现象相比拟，但在连续系统中没有相对应的模式。从研究元胞自动机的角度讲，最具研究价值的是具有第四类行为的元胞自动机，因为这类元胞自动机被认为具有"突现计算"（emergent computation）功能，研究表明，可以用作广义计算机（universal computer）以仿真任意复杂的计算过程。另外，此类元胞自动机在发展过程中还表现出很强的不可逆（irreversibility）特征，而且，这种元胞自动机在若干有限循环后，有可能会"死"掉，即所有元胞的状态变为零。

S. Wolfram 还近似地给出了上述四种一维元胞自动机中各类吸引子或模式所占比例，见表5-1。可以看出，具有一定局部结构的复杂模式出现的概率相对要小一些。而第三种混沌型则出现的概率最大，并且，其概率随着 k 和 r 的增大而呈现增大的趋势。

表5-1　一维元胞自动机中各类吸引子所占比例

动力学行为类型	$k=2$, $r=1$	$k=2$, $r=2$	$k=2$, $r=3$	$k=2$, $r=4$
1. 平稳型	0.50	0.25	0.09	0.12
2. 周期型	0.25	0.16	0.11	0.19
3. 混沌型	0.25	0.53	0.73	0.60
4. 复杂型	0.00	0.06	0.06	0.07
注：k 代表状态数，r 代表邻居半径。				

这种分类不是严格的数学分类，但 Wolfram 将众多（也许所有）的元胞自动机的动力学行为归纳为数量如此之少的四类，是非常有意义的发现，对于元胞自动机的研究具有很大的指导意义。它反映出这种分类方法可能具有某种普适性，很可能有许多物理系统或生命系统可以按这样的分类方法来研究，尽管在细节上有所不同，但每一类中的行为在定性上是相同的。

理论上，元胞自动机可以是任意维数的。那么，按元胞空间的维数分类，元胞自动机通常可以分为以下四类。

（1）一维元胞自动机

元胞按等间隔方式分布在一条向两侧无限延伸的直线上，每个元胞（cell）具有有限个状态 s，$s \in S = \{s_1, s_2, \cdots, s_k\}$，定义邻居半径 r，元胞的左右两侧共有 $2r$ 个元胞作为其邻居集合 N，定义在离散时间维上的转换函数 $f: S^{2r+1} \rightarrow S$ 可以记为

$$S_i^{t+1} = f(S_{i-r}^t, \cdots, S_{i-1}^t, S_i^t, S_{i+1}^t, \cdots, S_{i+r}^t) \tag{5-15}$$

S_i^t 为第 i 个元胞在 t 时刻的状态。

称上述 $A = \{S, N, f\}$ 三元组（维数 $d \equiv 1$）为一维元胞自动机。

对一维元胞自动机的系统研究最早，相对来讲，其状态、规则等较为简单，往往其所有可能的规则可以一一列出，易于处理，研究也最为深入。目前，对于元胞自动机的理论

研究多集中在一维元胞自动机上。Wolfram 对元胞自动机的动力学分类也是基于对一维初等元胞自动机（elementary cellular automata）的分析研究得出的。它的最大的一个特征在于容易实现元胞自动机动态演化的可视化：二维显示中，一维显示其空间构型、空间维；另外一维显示其发展演化过程、时间维。

（2）二维元胞自动机

元胞分布在二维欧几里得平面上以规则划分的网格点上，通常为方格划分。以 J. H. Conway 的"生命游戏"为代表，应用最为广泛。由于世界上很多现象是二维分布的，还有一些现象可以通过抽象或映射等方法转换到二维空间上，所以，二维元胞自动机的应用最为广泛，多数应用模型都是二维元胞自动机模型（见图 5-14）。

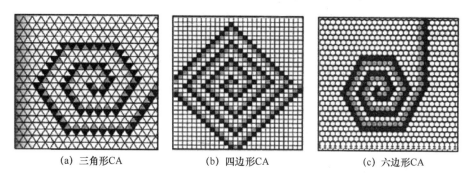

(a) 三角形CA　　　　　　　(b) 四边形CA　　　　　　　(c) 六边形CA

图 5-14　二维元胞自动机

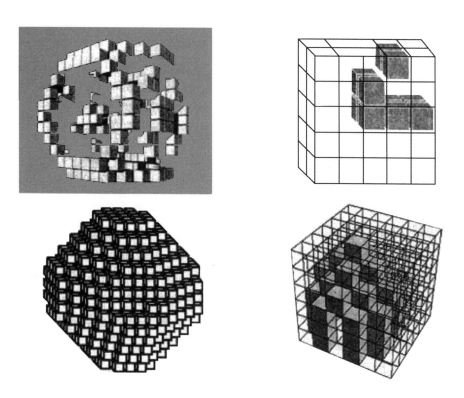

图 5-15　三维的元胞自动机模型

（3）三维元胞自动机

目前，Bays（Bays C.，1988）等人在这方面做了若干试验性工作，包括在三维空间上实现了生命游戏，延续并扩展了一维和二维元胞自动机的理论，见图5-15。

（4）高维元胞自动机

只是在理论上进行少量的探讨，实际的系统模型较少。Lee Meeker 在他的硕士论文中，进行了对四维元胞自动机的探索。

5.5　元胞自动机相关理论与方法

元胞自动机与其相关理论和方法的发展有着千丝万缕的联系。一方面，元胞自动机的发展得益于相关理论的研究，如逻辑数学、离散数学，计算机中的自动机理论、图灵机思想；另一方面，元胞自动机的发展也促进了一些相关学科和理论（如人工智能、非线性科学、复杂性科学）的发展，甚至还直接导致了人工生命科学的产生。另外，在表现上，元胞自动机模型还与一些理论方法存在着较大的相似性，或者相对性。下面，我们对元胞自动机的一些相关理论方法，以及它们与元胞自动机模型的关系进行简要讨论。

5.5.1　元胞自动机与人工生命研究

人工生命是20世纪90年代才刚刚诞生的新生科学，是复杂性科学研究的支柱学科之一。人工生命是研究能够展示自然界生命系统行为特征的人工系统的一门学科，它试图在计算机、机器人等人工媒体上仿真、合成与生物有机体相关联的一些基本现象，如自我复制、寄生、竞争、进化、协作等，并研究和观察"可能的生命现象"（life as it could be），从而使人们能够加深理解"已知的生命现象"（life as we know it）。

元胞自动机是人工生命的重要研究工具和理论方法分支，兰顿（Christopher Langton）等人正是基于对元胞自动机的深入研究提出并发展了人工生命科学。同时，人工生命的发展又为元胞自动机赋予了新的含义，元胞自动机模型得到科学家们的重新认识和认可，并在90年代又一次成为科学研究的前沿课题，其理论和方法得到进一步的提高。另外，元胞自动机与其他的人工生命研究方法有着很大的相似性。元胞自动机模型与神经网络、遗传算法等其他人工生命方法一样，都是基于局部的相互作用，来研究系统的整体行为。另外，元胞自动机、神经网络、L—系统都可以归为非线性动力学中的网络动力学模型，它们相互联系，关系密切。目前，一种被称为元胞神经网络（cellular neural network，CNN）的模型就是元胞自动机与神经网络结合的产物。

5.5.2　元胞自动机与"混沌的边缘"

"混沌的边缘"（on the edge of chaos）（Langton C. G.，1992；M. Waldrop，1997）是当前复杂性科学研究的一个重要成果和标志性口号，为圣达菲（Santa Fe）学派的旗帜。

所谓的"混沌"并非科学意义上的"混沌",而是 chaos 本身的原有含义,即与有序相对的"混乱""无序"的概念。因此,"混沌的边缘"应当被理解为"混乱的边缘"或"无序的边缘",而与混沌动力学的"混沌"没有直接联系。其实,"混沌的边缘"完整的含义是指:生命等复杂现象和复杂系统存在并产生于"混沌的边缘"。有序不是复杂,无序同样也不是复杂,复杂存在于无序的边缘。

"混沌的边缘"这个概念是 Norman Packard 和 Christopher Langton 在对元胞自动机深入研究的基础上提出的,在此我们予以简要介绍。

Langton 在对 Wolfram 动力学行为分类的分析和研究的基础上,提出"混沌的边缘"这个响亮的名词,认为元胞自动机,尤其是第四类元胞自动机是最具创造性的动态系统——复杂状态,它恰恰界于秩序和混沌之间。在大多数的非线性系统中,往往存在一个相应于系统由秩序到混沌变化的转换参数。例如,我们日常生活中的水龙头的滴水现象,随着水流速度的变化而呈现不同的稳定的一点周期、两点或多点周期,乃至混沌、极度紊乱的复杂动态行为,显然,这里的水流速度,或者说水压就是这个非线性系统的状态参数。Langton 则相应地定义了一个关于转换函数的参数,从而将元胞自动机的函数空间参数化。该参数变化时,元胞自动机可展现不同的动态行为,得到与连续动力学系统中相图类似的参数空间。Langton 的方法如下。

首先定义元胞的静态(quiescent state)。元胞的静态具有这样的特征:如果元胞所有领域都处于静态,则该元胞在下一时刻将仍处于这种静态(类似于映射中的不动点)。现考虑一元胞自动机,每个元胞具有 k 种状态(状态集为 Σ),每个元胞与 n 个相邻元胞相连。则共存在 kn 种邻域状态。选择 k 种状态中任意一种 $s \in \Sigma$ 并称之为静态 s_q。假设对转换函数而言,共有 n_q 种变换将邻域映射为该静态,剩下的 $kn - n_q$ 种状态被随机地、均匀地映射为 $\Sigma - \{s_q\}$ 中的每一个状态。则可定义

$$\lambda = \frac{k^n - n_q}{k^n} \tag{5-16}$$

这样,对任意一个转换函数。定义了一个对应的参数值 λ。随着参数 λ 由 0 到 1 变化,元胞自动机的行为可从点状态吸引子变化到周期吸引子,并通过第四类复杂模式达到混沌吸引子。因此,第四类具有局部结构的复杂模式处于秩序与"混沌"之间,被称为"混沌的边缘"。在上述的参数空间中,元胞自动机的动态行为(定性 1 具有"点状态吸引子→周期吸引子→复杂模式→混沌吸引子"这样的演化模式。同时,它又给元胞自动机的动力学行为的分类赋予了新的意义:即 λ 低于一定值(这里约为 0.6),那么系统将过于简单。换句话说,太多的有序而使得系统缺乏创造性;另外一个极端情况,λ 接近 1 时,系统变得过于紊乱,无法找出结构特征;那么,λ 只有在某个值附近,所谓"混沌的边缘",系统变得极为复杂。也只有在此时,"生命现象"才可能存在。在这个基础上,Landon 提出并发展了人工生命科学。在现代系统科学中,耗散结构学指出"生命"以负墒为生,而 Landon 则创造性地提出生命存在于"混沌的边缘",从另外一个角度对生命的

复杂现象进行了更深层次的探讨。

5.5.3 元胞自动机与微分方程

微分方程有着三百多年的发展历史。一批伟大的科学家，如 Euler、Caus、Langrange、Laplace、Poisson 都做出了卓越的贡献。而且，后来发展的偏微分方程对量子力学等现代物理学的产生和发展有着重要的意义，一大批的物理规律就是利用偏微分方程来推理和表达的，如麦克斯韦方程等。恩格斯还指出，"自然界的统一性，显示在关于各种现象领域的微分方程的'惊人类似'之中"。总之，微分方程是现代科学的语言，也是科学研究中最为重要的研究工具之一。

微分方程的主要特点是时间、空间均连续（如果方程中有空间因子的话），这是建立在时空连续的哲学认识基础上的。而元胞自动机则是完全的空间离散、时间离散，在这个意义上，微分方程和元胞自动机是一对相对的计算方法。

在人工计算的情况下。由符号组成的（偏）微分方程可以灵活地进行约简等符号运算，而得到精确的定量解。这是其优势。但在现代计算机日益发展，并已成为科学研究的重要工具时，微分方程却遇到了一个尴尬的问题。即计算机是建立在离散的基础上的，微分方程在计算时不得不对自身进行时空离散化，建立差分方程等；或者展开成幂系列方程，截取部分展开式；或者采用某种转换用离散结构来表示连续变量。这个改造过程不仅是繁杂的，甚至是不可能解决的，但最重要的是在这个过程中，微分方程也失去了它的自身最重要的特性——精确性、连续性。

而对于元胞自动机来讲，脱离计算机环境来进行运算几乎是不可能的，借助计算机进行计算，非常自然而合理，甚至它还是下一代并行计算机的原型。因此，在现代计算机的计算环境下，以元胞自动机为代表的离散计算方式在求解方面，尤其是动态系统模拟方面有着更大的优势。元胞自动机虽然在理论上具备计算的完备性，但满足特定目的的模型暂无完备的理论支持，其构造往往是一个直觉过程。用元胞自动机得到一个定量的结果非常困难，即便可能的话，元胞自动机也将陷入尴尬，元胞自动机的状态、规则等构成必然会复杂化，从而不可避免地失去其简单、生动的特性。

然而，正如物理学家玻尔所说，"相对的并不一定是矛盾的，有可能是相互补充和相互完善的"。二者互有优缺点，相互补充，都有其存在的理由。但在现代计算机环境下，对于元胞自动机这一类相对来讲还处于幼年阶段的离散计算方式，需要予以更多的关注和支持。在地理学中，Lowry、Wilson、张新生（张新生，1997）等人的空间动力学模型都是基于微分方程的模型，由于这些模型大多是复杂的非线性微分方程，无法求得其解析解，需要按 Euler 方法或 Runge-Kutta 方法对微分方程进行一步或多步差分，完成相应的计算机模型或在 GIS 支持下的空间分析模型。对于这些模型，我们都可以构建相应的元胞自动机模型。

5.5.4　元胞自动机与分形分维

元胞自动机与分形分维理论有着密切的联系。元胞自动机的自复制、混沌等特征，往往导致元胞自动机模型在空间构型上表现出自相似的分形特征，即元胞自动机的模拟结果通常可以用分形理论进行定量的描述。同时，在分形分维的经典范例中，有些模型本身就是元胞自动机模型，或者很接近，如下面我们提到的凝聚扩散模型。因此，某些元胞自动机模型本身就是分形动力学模型。但是，究其本质，元胞自动机与分形理论有着巨大的差别。

元胞自动机重在对想象机理的模拟与分析；分形分维重在对现象的表现形式的表达研究。元胞自动机建模时，从现象的规律入手，构建具有特定含义的元胞自动机模型；而分形分维多是从物理或数学规律、规则构建模型，而后应用于某种特定复杂现象，其应用方式多为描述现象的自相似性和分形分维特征。然而，这些分维究竟能够给我们提供多少更有价值的信息？分形理论的进一步应用问题尚未得到解决。

此外，两者都强调一个从局部到整体的过程，但在这个过程的实质上，二者存在巨大的差异。分形论的精髓是自相似性。这种自相似性不局限于几何形态而具有更广泛更深刻的含义；它是局部（部分）与整体在形态、功能、信息和结构特性等方面具有统计意义上的相似性。因此，分形理论提供给我们分析问题的方法论就是从局部结构推断整体特征（陈述彭，1998）。相反，元胞自动机的精华在于局部的简单结构在一定的局部规则作用下，所产生的整体上的"突现"性复杂行为，即系统（整体）在宏观层次上，其部分或部分的加和所不具有的性质（谭跃进等，1996）。因此，分形理论强调局部与整体的相似性和相关性，但元胞自动机重在表现"突现"特征，即局部行为结构与整体行为的不确定性、非线性关系。

5.5.5　元胞自动机与马尔可夫（链）过程

马尔可夫过程（Markov Process）是一个典型的随机过程。设 $X(t)$ 是一随机过程，当过程在时刻 t_0 所处的状态为已知时，时刻 $t(t > t_0)$ 所处的状态与过程在 t_0 时刻之前的状态无关，这个特性成为无后效性。无后效的随机过程称为马尔可夫过程。马尔可夫过程中的时间和状态既可以是连续的，又可以是离散的。我们称时间离散、状态离散的马尔可夫过程为马尔可夫链。马尔可夫链中，各个时刻的状态的转变由一个状态转移的概率矩阵控制。

马尔可夫链与元胞自动机都是时间离散、状态离散的动力学模型，二者在概念上有一定的相通性。尤其是对于随机型的元胞自动机来讲，每个元胞的行为可以视为一个不仅时间上无后效，而且在空间上无外效的马尔可夫链。

但是，即使是随机型的元胞自动机也与马尔可夫链存在相当大的差别。首先，马尔可夫链没有空间概念，只有一个状态变量；而元胞自动机的状态量则是与空间位置概念紧密相关的；其次，马尔可夫链中的状态转移概率往往是预先设定好的，而随机型元胞自动机中的元胞状态转移概率则是由当前元胞的邻居构型所决定的。

5.5.6 元胞自动机、随机行走模型和凝聚扩散模型

随机行走模型（random walk model）模拟的是统计数学中提供"最可能状态"常用的数学模型。它的基本思想为：给定空间中的一个粒子：它在空间中的移动矢量（包括方向和距离）是由跃迁概率的随机量所控制，由此可以模拟诸如自然界中的分子布朗运动、电子在金属中的随机运动等复杂过程。其理论研究主要集中在对单个粒子的运动规律的研究。但是，随机行走模型中粒子可以是很多个，但是它们遵循的规则都是一个统一的随机规程，而且它们之间的运动是相互独立的，互不影响。如果考虑它们之间的相互作用，就可能构造出其他基于随机行走的模型，如凝聚扩散（diffusion-limited aggregation，DLA）模型。

凝聚扩散模型，简称 DLA，可以看作是一个多粒子的随机行走模型（见图 5-16），而且它的计算空间也往往是一个离散的格网。它是由 A. Written 和 Sander 于 1981 年首先提出的。其基本思想如下：给定初始点作为凝聚点，以它作为圆心画一个大圆，在圆周上的一个随机点释放一个粒子；为简单起见，它的运动通常规定为一个随机行走过程，直到它运动至与已有的凝聚点相邻，改变它的状态为凝聚点，不再运动；再随机释放一个粒子；直至凝聚。重复上述过程，就可以得到一个凝聚点的连通集，形似冬日里玻璃上的冰花，见图 5-17。凝聚扩散模型还可以有不同的形式，如释放点可以在一个四边形中的顶部，从而在下面生长出形似荆棘的灌丛。而 1984 年，R. F. Voss 提出的多粒子凝聚扩散（multi-particle diffusion aggregation）模型是对凝聚扩散模型的改进和发展。其基本思想是：在给定的离散空间中，依照一定的密度随机散布自由粒子，在中心设置一个凝聚点作为种子点，也可以随机布设若干个凝聚点作为种子，然后各自由粒子随机行走，一旦与凝聚点相邻，则变为新的凝聚点，直至所有的自由粒子"凝聚"。

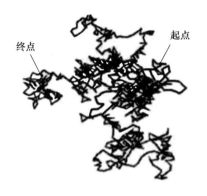
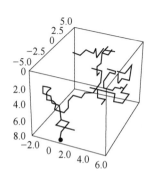

(a) 二维随机行走模型　　　　　　　(b) 三维随机行走模型

图 5-16　随机行走模型

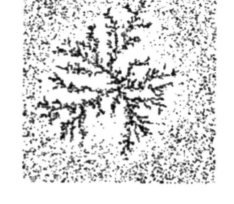

(a) 中心型凝聚扩散模型　　　　　　　　(b) 多粒子凝聚扩散模型

图 5-17　凝聚扩散模型

　　元胞自动机、随机行走模型、凝聚扩散模型都是典型的分形图形的生成方法，在很多情况下，它们都可以生成相似的复杂图案。但它们之间仍存在着一定的差别。

　　随机行走模型与元胞自动机的差别在于以下几个方面：第一，随机行走模型通常只是考虑单个粒子的运动，而元胞自动机模型中则通常存在众多的元胞；第二，即使模型中，存在多个粒子，随机行走模型通常并不考虑粒子间的相互作用，粒子的运动是相互独立的；第三，随机行走中的粒子是运动的概念，而元胞自动机的元胞通常是一个状态变化的过程；第四，随机行走中的粒子的运动空间可以是离散的，也可以是连续的，但在元胞自动机中，元胞都分布在离散的空间网格上。

　　凝聚扩散模型，尤其是多粒子凝聚扩散模型与元胞自动机则非常相似：时间空间离散；模型中存在粒子的相互作用，且这种作用具有局部特征，即自由粒子在有凝聚点为邻居时，状态转变为凝聚点。特殊的是这种转变只是一个单向的转变，凝聚扩散模型在最终达到一种定态吸引子；粒子的运动遵循相通的规律，可以进行同步计算。因此。在广义上，凝聚扩散模型可以归为元胞自动机的一个特例。但是，它们之间仍存在以下几个不同点：第一，元胞自动机模型面向的是整个网格空间，而凝聚扩散模型面向的是特定粒子的运动；第二，元胞自动机的元胞通常只有状态的改变，其空间位置是固定的，而凝聚扩散模型中的粒子不仅有状态的变化，更是一个运动的粒子；第三，凝聚扩散中，多个粒子通常可以同时占据一个格网空间点，而元胞自动机模型中，每个格网点只能有一个元胞。因此，从某种意义上讲，凝聚扩散模型与下面提到的多主体模型更相似，可以看作是粒子间不存在目的性、竞争、协作等智能特征的"无头脑"的主体模型。

5.5.7　元胞自动机与多主体系统

　　多主体系统（multi-agent system，MAS）是分布式人工智能的热点课题（史忠植，

1998），主要研究为了共同的或各自的不同目标，自主的智能主体之间智能行为的协作、竞争等相互作用。基于主体的模型（agent based model，ABM），简称主体模型，又称基于实体的模型（entity based model，EBM），或基于个体的模型（individual based model，IBM），是多主体系统的一个子集，其主要特征是每个主体代表了现实世界中一个智能性、自治的实体或个体，如人群中的个人，生态系统中的植物个体、动物个体，交通流中的汽车，计算网络中的计算机，经济系统中的经营者等。而在多主体系统中，组成系统的个体可以是任何系统部件，如组成专家系统的是一条条意见。元胞自动机模型与主体模型的关系见图5-18。

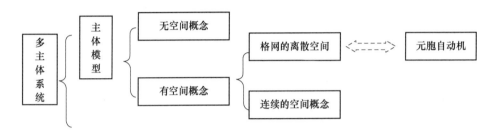

图 5-18　元胞自动机模型与主体模型的关系

一些基于主体的模型中的主体是具有空间概念的，如交通流中的汽车，生态系统中的动植物个体等；但有些并不具有空间概念，如计算网络中的计算机。对于那些有空间概念的主体，其空间表示即可以是连续的，如一组实数坐标对；也可以是离散的，即格网空间中的行列值。而元胞自动机与这种具有离散空间概念的主体模型非常相近，二者均研究在离散空间上个体间的相互作用而形成整体上的复杂行为。但仍然存在很大的区别：

（1）主体模型中的主体可能是可以移动的，如动物个体；但也可能是不可以移动的；而元胞自动机模型中的元胞个体通常是不可以移动的，元胞自动机在整体上的运动是通过元胞个体的状态变化来实现的。

（2）在基于格网空间的主体模型中，格网只是作为主体的空间定位，多个主体可以占据一个格网点；而在元胞自动机模型中，每个格网点只能拥有一个特定状态的元胞。

（3）本质上讲，可以说，主体模型是面向（通常稀疏）分布在网格空间上的个体的，而元胞自动机则是面向整个网格空间的。在模型运行时，主体模型将只考虑个体的行为，而元胞自动机将考虑整个元胞空间上的每个格网（元胞）的状态。

5.5.8　元胞自动机与系统动力学模型

系统动力学（system dynamics，SD）是一门分析研究反馈系统的学科，也是一门认识系统问题和解决系统问题交叉的综合性学科。它最初由美国麻省理工学院的 Jay W. Forrestr 教授于 1956 年开发提出，其特点是引入了系统分析的概念，强调信息反馈控制，是系统论、信息论、控制论和决策论的综合产物，非常适于研究复杂系统的结构、功能与动态行为之间的关系。通过分析系统结构，选取适当因素，建立它们之间的反馈关系，并在此基础上建立一系列微分方程，构建系统动力学方程，进一步考察系统在不同参数和不同策略因素输入时的系统动态变化行为和趋势，为决策者提供决策支持。由于它能够对实际系统进行动态仿真，因而系统动力学模型可作为实际系统，特别是社会、经济、生态复杂大系统的"实验室"。

系统动力学模型在地球科学研究中具有比较广泛的实用性。因为它着眼于系统的整体最佳目标，不是单纯追求个别子系统的最佳目标，有助于实现人口、资源、环境与社会、经济各子系统之间的协调，采用无量纲（现标准称量纲一）的综合研究。同时，该模型仍采用的一阶微分方程组，带有延迟函数和表函数，又能引入投入—产出反馈回路的概念，能比较直观、形象地处理某些比较复杂的非线性问题。但是，系统动力学也有"先天不足"，限制了它在地球科学中的应用。

（1）首先，SD 对系统的描述带有主观性。建模者对系统结构的认识主要包括因素的选取及其相关关系的描述，并直接反映在模型中。而复杂系统的不确定性、非线性等复杂性特征决定了它的系统结构具有混沌性，不同人对它的描述可能有很大的差别，因而，系统动力学在地学建模中，难免会受到个人主观性的干扰，从而影响模型的模拟结果。

（2）其次，SD 缺乏全面的协调指标体系。复杂系统中有许多因素是定性的，需要一个量化的过程。那么，多个相关因子的分类、分级定量标准就需要从系统的高度进行协调，这往往是系统动力学模型的一个难题。

（3）最后，缺乏空间因素的处理功能，难以刻画空间系统中各要素在空间上的相互作用和相互反馈关系（张新生，1997；裴相斌，1999）。这对其应用于空间复杂系统研究是个致命的限制。

系统动力学模型与元胞自动机都采用"自下而上"的研究思路，利用系统要素间的反馈等相互作用，来模拟和预测系统的整体的动态行为，它们都是研究复杂系统动态变化的有力工具。但是，二者又有所不同：首先，在模型机制上，CA 模型基于系统要素间的空间相互作用，而 SD 则更多地考虑要素间指标属性的关联关系；其次，在模型表现形式上，CA 是时间、空间、状态全离散的，转换规则也往往表现为参照表形式，而 SD 则表现为系列的微分方程组，时间、属性及要素间反馈关系的表达都是连续性质的；第三，在结果表现上，CA 模型表现为系统空间结构的时空动态演化，而 SD 模型的结果是系统某个社会经济指标的动态变化；最后，在应用上，CA 模型多用于复杂系统的时空演化模拟，而 SD 模型缺乏空间概念，更适于社会经济系统的模拟预测。

第6章 基于元胞自动机应急撤离模型

由于传统的元胞自动机理论不能直接用于应急撤离仿真，故需要对传统的元胞自动机进行扩展，建立符合人员撤离机制的元胞自动机模型。

6.1 应急撤离场景离散算法

应急撤离一般发生在一个封闭的空间内，这形成了元胞空间，并且边界条件选为定值型，即代表封闭空间周围的不可逾越障碍。

撤离空间的离散化采用二维四方网格，主要为与后面飞机客舱环境相应，客舱中各种座椅、隔板、厨房、卫生间等基本平面形状均为四边形，从而保证一定的离散精度。网格大小与撤离人员的维度有关，表6-1为我国 GB 10000—1988 成年人人体部分数据，由表中最大肩宽数据，网格大小选为 0.5m×0.5m。由于飞机客舱属狭小密闭空间，传统四方离散网格离散精度不能满足要求，故在传统离散网格属性的基础上增加了缩放系数。即将场景中各种因素（如过道、座椅、隔板）离散为 0.5m×0.5m 大小，并附加有两个方向上的缩放系数，从而可以从离散环境逆向获得真实的连续场景。

表6-1 中国成年人人体数据

百分位数	最大肩宽/cm		肩宽/cm		胸厚/cm	
	男	女	男	女	男	女
1	38.3	34.7	33.0	30.4	17.6	15.9
5	39.8	36.3	34.4	32.0	18.6	17.0
10	40.5	37.1	35.1	32.8	19.1	17.6
50	43.1	39.7	37.5	35.1	21.2	19.9
90	46.0	42.8	39.7	37.1	23.7	23.0
95	46.9	43.8	40.3	37.7	24.5	23.9
99	48.6	45.8	41.5	38.7	26.1	26.0

注：表中的百分位数据根据中国 18~55 岁的人的数据计算，数据来自《中国成年人人体尺寸》（GB10000—1988）4.4.2~4.4.4节。

例如，某客舱座椅排距为 812.8mm，三联排座椅总宽 1574.8mm，则每排座椅可离散为 2×3 的元胞空间，每个网格的缩放系数分别为 812.8/（2×500）= 0.8128 和 1574.8/（3×500）= 1.0499，如图 6-1 所示。

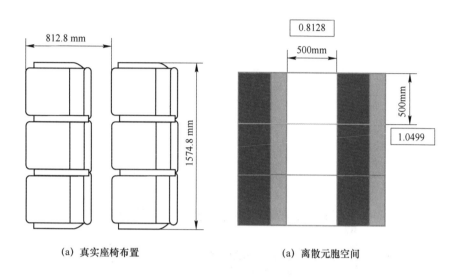

（a）真实座椅布置　　　　　　　　（a）离散元胞空间

图 6-1　撤离空间离散方法

通过增加缩放系数的方法，可以建立较真实的撤离场景，图 6-2 所示为某客舱平面图及相应的离散元胞空间。真实客舱尺寸如下：

客舱前后部为Ⅰ型（民机出口共有 A、B、C、Ⅰ、Ⅱ、Ⅲ、Ⅳ和腹部 8 种类型出口）应急出口，出口处无障碍过道宽度均为 1016mm，共 2032mm。

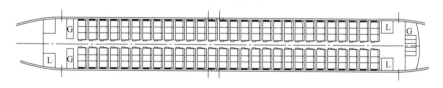

全经济舱168 座　座位间距：经济舱33in

（a）某客舱平面布置图

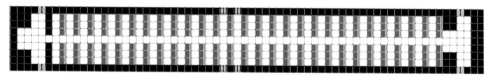

（b）某客舱离散元胞空间

图 6-2　某客舱平面图及相应的离散元胞空间

经济舱 28 排座椅，排距 838mm，座椅深度 664mm。经济舱第一排座椅距前隔板 407mm，最后一排座椅距后隔板 101.6mm。两个Ⅲ型应急出口处采用出口宽度 50%无障碍通道设计，局部排距增加为 914.4mm，整个经济舱长度 23952.2mm。

前后盥洗室尺寸为 939.8mm × 939.8mm，占客舱长度 1879.6mm。后厨房长度 863.6mm。

离散时，前后 I 型应急出口处无障碍过道为两个网格，缩放系数 1.016，座椅区域为两个网格，缩放系数 0.838，盥洗室为两个网格，缩放系数 0.9298。

为了能够从封闭空间内撤离出去，必须要有出口，待撤离人员将选择距离出口最近的路线运动。由于传统元胞自动机中没有这一概念，需要在元胞空间附加一个能够代表元胞空间中各个格点与出口距离的变量，我们称之为"地场值"。

物理环境建设后，可以通过某些准则建立静态势场。静态势场类似于地势的高低，距离出口越近，地势越低，势场值就越小。采用 Dijkstra 算法计算静态势场，典型环境静态势场图如图 6-3 所示。

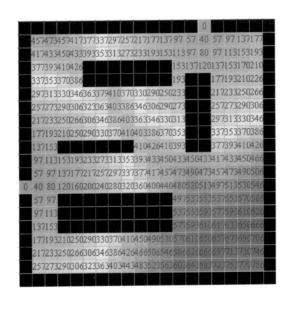

图 6-3 典型多出口带障碍物场景静态势场图

6.2 应急撤离规则

元胞自动机的强大之处在于规则制定的灵活性，根据不同的目标制定不同的规则，可以模拟不同的物理现象。撤离仿真前需要先进行撤离规则的设置，比如乘客撤离过程中表现的行为是协作型还是竞争型，撤离过程中如果前方有阻塞时是考虑等待还是向两侧搜索可行路径等。这些规则因现场环境不同而有所变化，需要在仿真开始前进行设置。

元胞空间中采用 Moore 型邻居，从而使最大可能撤离方向数量为 8 个。

撤离仿真运行包括以下两个主要过程。

（1）人员可移动性判断

主要用于真实事故场景模拟，撤离适航演示验证中要求所有参试者均为身体健康者。人员可移动性主要指人员是否已经死亡，是否已经没有行动能力。

（2）撤离出口的选择、移动方向的选择

人员的移动方向受到多方面的影响，如全局出口指派、局部最小势场，以及周围其他人员的影响等。人员可能的移动方向如图6-4所示，考虑出口位置的影响，其周围8个网格在没有其他因素影响的情况下，将向这个静态势能最小的网格运动。考虑其他因素时，将对运动方向进行修正。如果有一个以上静态势能最小的网格，则通过随机算法进行随机选择，以模拟真实情况中结果的随机性。如果有多个人员竞争同一个网格，则按照人员的属性计算每人能够移动至这个网格的概率，按轮盘赌概率方式进行随机抽取。

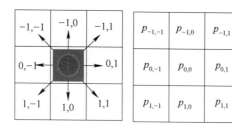

图6-4　乘客可能的行走方向及相应的选择矩阵

6.2.1　方向选择算法

基本方向选择概率计算公式如下

$$p_{ij} = N n_{ij} \xi_{ij} / \exp(k_s S_{ij}) \tag{6-1}$$

式中：N——归一化因子，$N = \left[\sum\limits_{i,\,j} (n_{ij} \xi_{ij} / \exp(k_s S_{ij})) \right]^{-1}$；

n_{ij}——障碍因子，如座椅、厨房等：

$$n_{ij} = \begin{cases} 0 & \text{有不可越障碍} \\ 1 & \text{无不可越障碍} \end{cases}$$

ξ_{ij}——人员占据因子；

$$\xi_{ij} = \begin{cases} 0 & \text{有人员占据并且不是本身} \\ 1 & \text{无人员占据或者是本身} \end{cases}$$

k_s——场景熟悉程度因子，$k_s \in [0, \infty)$，$k_s = 0$，场景完全陌生，场景越熟悉，运动方向的选择就越理性；

S_{ij}——静态势场值，代表距出口的距离。

6.2.2　多目标选择算法

在计算方向选择概率 p_{ij} 中，如果有多个相等的最大概率方向，如图 6-5 所示，则按相等的概率选择其中之一。

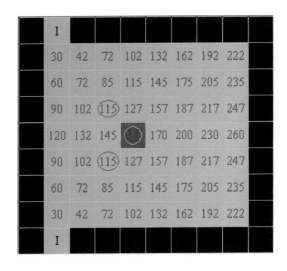

图 6-5　多目标选择示意图

6.2.3　单目标竞争算法

在采用并行更新机制时，会产生多个人员竞争同一个目标点的情形。此种情况影响结果的因素比较多，包括物理因素、人的生理因素、心理因素等。初步模拟时，我们先不考虑此种情况，按相等的概率选择其中之一，如图 6-6 所示。

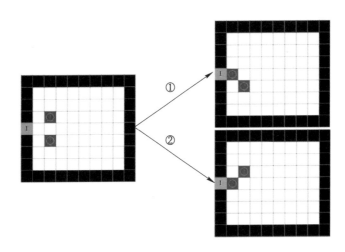

图 6-6　单目标竞争示意图

6.2.4　更新步长及撤离速度计算

由于元胞自动机代表的是元胞状态的改变，即各个元胞的最大运动速度相同，运动速度可取为 1.0m/s，根据网格大小为 0.5m，所以更新步长取为 0.5s。

6.2.5　应急撤离更新机制

传统的元胞自动机一般采用并行更新机制，认为各个元胞是一个独立且可同时进行思考、决策的个体，在更新的过程中就会出现多个元胞竞争同一个目标的现象，增加了算法的复杂性。一些学者为了简化更新算法的复杂性，采用随机顺序更新机制，近似模拟并行更新算法。这些更新机制应用在撤离出口处未发生阻塞或撤离人群密度较低的情况下比较有效。如果出口处发生阻塞，人员之间将没有任何空隙，当前面的人员可移动时，后面的人员将紧跟前面的人员一起运动，而并行更新机制在更新步长时将难以考虑后面人员的跟随运动。有人员在现场指挥时，更容易发生跟随运动的情况，如图 6-7 所示。图 6-7 假设所有人员均向右行走，不选择其他方向。图（a）为传统并行更新机制模拟一个更新步长后人员运动情况，第二至第四个人员由于受到前面人员的阻挡，此步将进行等待。图（b）为实际情况中可能发生的跟随运动极限情况，比如队列行走情况。在出口阻塞撤离速度较慢的情况下也有可能发生，实际的撤离运动情况应介于两者之间。

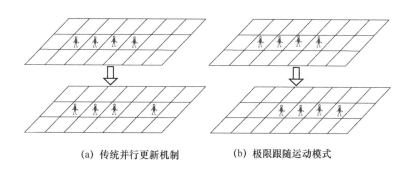

(a) 传统并行更新机制　　　(b) 极限跟随运动模式

图 6-7　撤离更新机制

在紧急撤离过程中，人员的撤离过程是人的决策过程，这一过程需要花费一定的时间，这一时间与更新步长之间的关系将影响撤离过程。为了能够模拟这一情况，本文提出了基于信息流传播理论建立更新机制的方法，实际的撤离运动情况如图 6-8 所示，分析不同时间点时人员的位置可以得出基于信息流传播更新机制的撤离过程，更符合真实情况。

图 6-8　实际撤离运动情况

（A380 飞机适航演示视频）

　　所谓信息流传播就是当信息从某一源点开始向周围传播时，各处接收到信息的时间是不同的，这一时间与源点距离成反比关系。即距离源点越远的位置接收到信息的时间延迟越多。撤离过程中当前面的人员开始运动时（代表接收到信息），后面的人从察觉到前面的人员开始运动到自己开始跟随运动（代表接收到信息）将有一个时间延迟（代表信息传播时间延迟）。当时间延迟达到一个更新步长时，后面被阻塞的人员将不再移动，进入下一个更新步长再进行判断。

　　应用于整个场景的基于信息流传播的更新过程如图 6-9 所示，首先以出口处为起点，向周围扩散搜索，逐步完成整个场景的更新。

　　如图 6-10（a）的场景，假设信息流传播速度为 2 格/时间步，则一个时间步长后，位置如图 6-10（b）所示。显然，当更新速度为 1 格/时间步时，为并行更新，当更新速度为 ∞ 格/时间步时，为极限跟随运动模式。

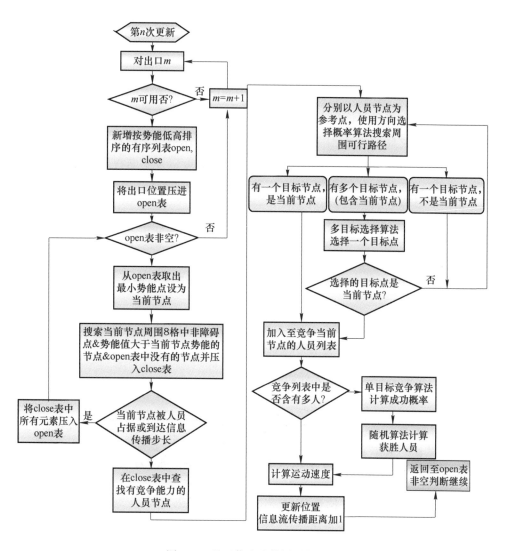

图 6-9　基于信息流传播更新流程

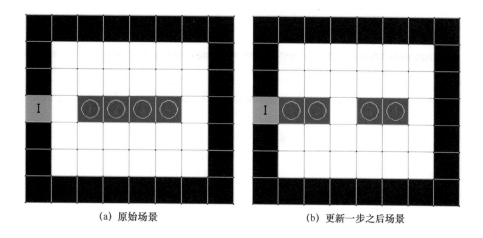

(a) 原始场景　　　　　　　　　　(b) 更新一步之后场景

图 6-10　基于信息流传播更新机制

6.3 基于元胞自动机应急撤离分析

基于元胞自动机应急撤离模型采用二维四方网格表示撤离空间，定值型边界条件表示封闭空间的边界，并且基于信息流传播的更新机制对人群的决策过程进行描述。国外对撤离速度与人群密度之间的关系已经做过研究，而本节采用基于元胞自动机应急撤离模型除了对撤离速度与人群密度的关系进行分析，更对出口宽度以及更新机制对撤离的影响进行分析。

6.3.1 基本性能图

能够定量描述模型的基本指标是基本性能图（fundamental diagram，FD），主要指人群平均运动速度 v 和场景单位宽度流量 J_s 与场景人群密度 ρ 的关系，根据流体力学关系式

$$J_s = \rho v \tag{6-2}$$

为了能够对上述关系进行研究，设计如图 6-11 所示过道场景，场景大小为 30m × 2.5m，右侧全部为出口，场景中无任何障碍。

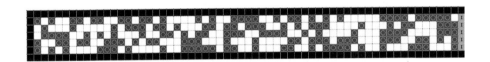

图 6-11　撤离过道场景（150 人）

场景中人群位置随机分布，人群数量分别为 30 人、60 人、90 人直至 300 人。根据建立的基于元胞自动机应急撤离模型进行分析，撤离若干步后过道人群分布情况如图 6-12 所示，由图可以看出撤离过程人群基本按平移运动，只在局部位置做一些微调。

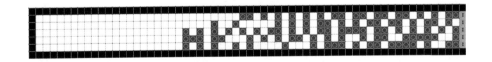

图 6-12　过道场景撤离若干步后人群分布（150 人）

撤离结果如图 6-13 所示。本模型中个人运动速度由于设置为常值 1m/s，在人群密度较小的时候，平均运动速度和场景单位宽度流量与 SFPE 手册（消防工程手册）存在差别，有些偏小；在人群密度较大时与 SFPE 手册基本一致，与 Weidmann 要求和 Older 试验值相比有些偏小。人群平均速度与场景人群密度关系基本呈线性变化。

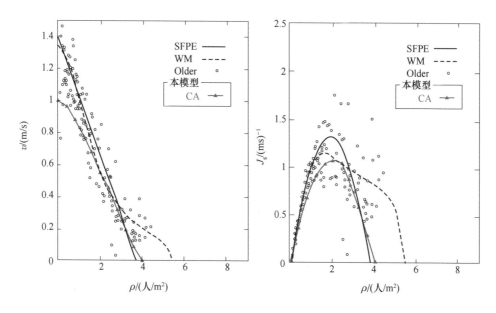

（图中参考：数据线为设计准则要求（SFPE 手册，Weidmann［WM］），数据点为试验测量值（Older））

图 6-13　基本性能图

6.3.2　出口宽度对撤离的影响

在一定的撤离场景中，出口宽度一般是影响撤离过程比较关键的因素，下面将对不同出口宽度对撤离的影响进行分析。设计一简单撤离场景，如图 6-14 所示，场景大小 10m×10m，出口宽度设置为 0.5~3.0m，撤离人数固定为 90 人，位置随机分布。

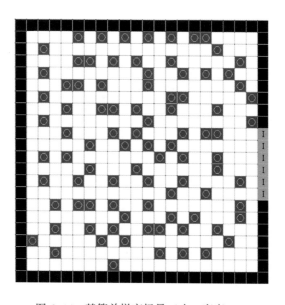

图 6-14　某简单撤离场景（出口宽度 3m）

根据基于元胞自动机应急撤离模型进行分析，撤离若干步后场景人群分布情况如图 6-15 所示。由图可以看出，由于出口较狭窄，产生了聚集和阻塞现象。

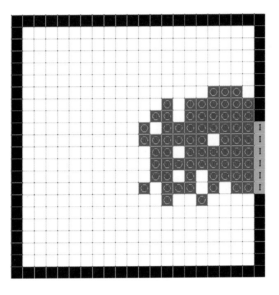

图 6-15　撤离若干步后场景

不同出口宽度撤离结果如图 6-16 所示，由图可以看出，随着出口宽度的增加，撤离 90 人所需时间逐步减少，但减少的幅度不同，出口较窄时增加出口宽度的效果比较明显。

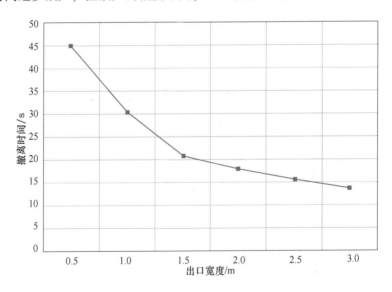

图 6-16　不同出口宽度下 90 人撤离时间

6.3.3　更新机制对撤离的影响

不同的更新机制将影响撤离过程人群之间保持的距离，从而影响撤离所需时间。为了研究更新机制对撤离的影响，基于上节的撤离场景进行研究（见图 6-14，场景大小 10m×10m，出口宽度 1.5m），撤离人数 90 人，位置随机分布。

分别设置更新机制为 1 格/步（并行更新）、2 格/步、……、∞ 格/步（极限跟随），获得全部撤离所需时间与更新机制的关系，如图 6-17 所示。由图可知，不同的更新机制获得的撤离结果不同，从并行更新到极限跟随模式撤离所需时间逐步减少，实际的撤离应处于两种更新机制之间。

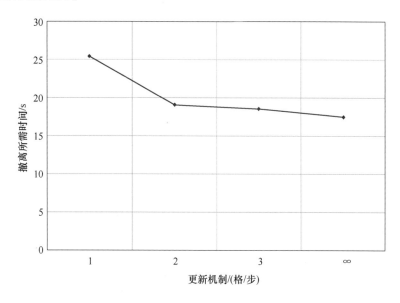

图 6-17　更新机制对撤离的影响

第7章 基于元胞自动机和多智能体的应急撤离仿真建模实践

7.1 多智能体系统理论

随着智能体（agent）思想的提出和发展，多智能体系统作为分布式人工智能（distributed artificial intelligent，DAI）领域的一个新兴分支，已经受到人们的普遍关注，并在通信、机器人以及系统设计等领域取得了许多应用成果。智能体研究已成为当前分布式人工智能领域的研究热点。

7.1.1 智能体定义

智能体模型最初作为一种分布式智能计算模型被提出，研究动力主要有两方面：①控制分布式计算的复杂性；②克服人机界面的局限性。作为促进人工智能发展的新概念，Hewitt 认为定义智能体与定义什么是智能一样困难。1987 年 Bartmna 提出一种描述智能体基本属性的信念-愿望-意图（belief-desire-intention，BDI）模型，他认为一个智能体包含有三种基本状态：信念、愿望和意图。其中，信念描述智能体对环境的认识，表示可能发生的状态；愿望从信念直接得到，描述智能体对可能发生情景的判断；意图来自愿望，制约智能体，是目标的组成部分。信念、愿望、意图与行为具有某种因果关系，如图 7-1 所示。所有智能体的自主行为，都基于它的三个基本精神状态而通过与环境之间以及智能体相互之间的交互来完成。

图 7-1　智能体行为示意图

随着时间的推移，智能体的定义也在不断发展和完善，常用的是 Wooldridge 提出的定义：智能体是一个处于特殊环境中的系统，这个系统具有在该环境下的自主行为，用于满足设计者的设计目标。

在这个定义中，虽然提到了智能体的几个核心概念，如位置、环境、自主行为等，但定义不能完全反映智能体的全部属性。大多数研究者普遍认可和接受这样一种说法：智能体是作用于某一特定环境，具有一定生命周期的计算实体，它具备自身的属性，能够感知周围的环境，自治地运行，并能够影响和改变环境。

智能体作为独立的智能实体，必须具有广泛的智能品质，其行为显著地反映其智能属性，一个完整的智能体模型应具有如下一些特性。

（1）行为自主性

一个智能体是一个独立的计算实体，其行为是主动的、自发的、有目标和意图的，它能在非事先规划、动态的环境中解决实际问题，在没有用户参与的情况下，独立发现和索取符合用户需要的资源、服务等。

（2）作用交互性

即反应性，智能体能够与环境交互作用，能够感知其所处的环境，并借助自身的行为结果，对环境做出适当的反应。

（3）环境协调性

智能体存在于一定的环境中，感知环境的状态、事件和特征，并通过其动作和行为影响环境，与环境保持协调。环境和智能体是对立统一的两个方面，相互依存，相互作用。

（4）面向目标性

智能体不是对环境做出简单的反应，它能够表现出某种目标指导下的行为，为实现其内在目标而采取主动行为，这个特点为面向智能体的程序设计提供了重要的基础。

（5）存在社会性

智能体存在于由多个智能体构成的社会环境中，与其他智能体交换信息、交互作用并通信，各智能体通过社会承诺，进行社会推理，实现社会意向和目标。智能体的存在及其每一个行为都不是孤立的，而是社会性的，甚至表现出人类的某些社会性特征。

（6）工作合作性

各智能体合作并协调工作，共同完成单个智能主体无法完成的任务，提高处理问题的能力。在协作过程中，可以引入各种新的机制和算法。

（7）运行持续性

智能体的程序在启动后，能够在相当长的一段时间内维持运行状态，不随运算的停滞而立即结束运行。

（8）系统适应性

智能体不仅能够感知环境，对环境做出反应，而且能够把新建立的智能体继承到系统中而无须对原有的多智能体系统进行重新设计，因此具有很强的适应性和可扩展性。这一特点也可称为开放性。

（9）身份代理性

智能体具有代表他人的能力，即它们都代表用户工作。

（10）位置移动性

智能体具有移动的能力，为完成任务，可以从一个节点移动到另一个节点。比如访问远程资源、转移到环境适合的节点进行工作等。

（11）结构分布性

在物理上或者逻辑上分布和异构的实体，如主动数据库、知识库、控制器、决策体、感知器和执行器等，在多智能体系统中具有分布式结构，便于技术集成、资源共享、性能优化和系统整合。

（12）功能智能性

智能体强调理性作用，具有一定程度的智能，包括推理到自学习等一系列的智能行为。智能主体一定程度上还可能表现其他的属性：诚实性、顺从性、理智性等。由于智能体的特性，基于智能体的系统是一个集灵活性、智能性、可扩展性、鲁棒性、组织性等诸多优点于一身的高级系统。

7.1.2　多智能体系统

在复杂的物理系统中，研究对象往往包含多个智能体，只对单个智能体进行研究是无意义的，因此一个应用系统中往往包括多个智能体，这些智能体不仅具备自身的问题求解能力和行为目标，而且能够相互协作，来达到共同的整体目标，这样的系统就成为多智能体系统，其结构如图 7-2 所示。多智能体系统主要研究各智能体之间智能行为的协调，包括规划、知识、技术和动作的协调。多智能体系统更能体现人类的社会智能，具有更大的灵活性和适应性，更适合开放和动态的世界环境。

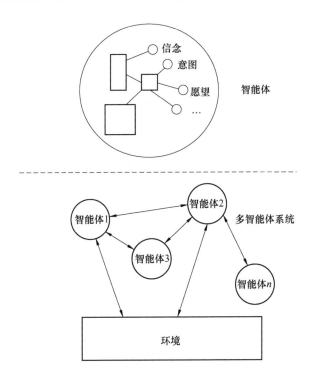

图 7-2　多智能体系统组成

根据 Sycara 对多智能体系统的定义，一个多智能体系统应具有以下特征：

①每一个智能体所包含的信息都不完整，只能解决部分问题；

②系统不存在全局控制；

③数据分散在不同的智能体中；

④计算不同步。

正如人类群体协作的能力要远远大于个体能力一样，多智能体系统具有比单个智能体更高的智能性和更强的问题求解能力，当前智能体领域的研究也大都集中在多智能体系统上。多智能体系统中多个智能体可以是模型结构和功能完全相同的，这种多智能体系统称为同构的多智能体系统；也可以由性质和功能完全不同的智能体构成，每个智能体可以有不同的子目标，系统的整体目标在各个子目标的实现过程中被实现，这样的系统称为异构的多智能体系统，现实中的大部分应用系统都是异构多智能体系统。

7.2　基于多智能体和元胞自动机应急撤离模型

由于传统的元胞自动机理论不能直接用于应急撤离仿真，故需要对传统的元胞自动机进行扩展，建立符合人员撤离机制的元胞自动机模型。基于多智能体和元胞自动机应急撤离模型是在元胞自动机应急撤离模型的基础上建立起来的，表示人员的元胞由于自身的特性无法表达人员的智能性及属性之间的差异，因此引入多智能体理论。基于多智能体和元胞自动机应急撤离模型逻辑框图如图 7-3 所示，某一智能体（人员）与周围其他智能体和环境之间构成了局部状态，即所谓的智能体的信念；根据这些状态信息和智能体的目标（意图）进行判断，实现智能体的愿望，并付诸行动（行为），而行动能力是受到智能体的各种属性的制约的。

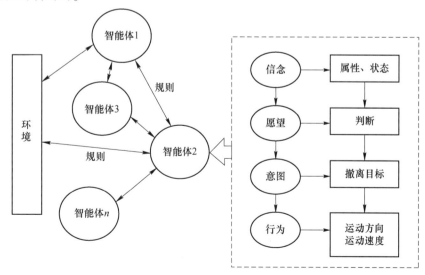

图 7-3　基于多智能体和元胞自动机应急撤离模型逻辑框图

7.2.1 应急撤离场景离散算法

应急撤离一般发生在一个封闭的空间内，这形成了元胞空间，并且边界条件选为定值型，即代表封闭空间周围的不可逾越障碍。

撤离空间的离散化采用二维四方网格，主要为与后面飞机客舱环境相应，客舱中各种座椅、隔板、厨房、卫生间等基本平面形状均为四边形，从而保证一定的离散精度。网格大小与撤离人员的维度有关，表 7-1 为 GB 10000—1988 中国成年人人体尺寸部分数据，由表中最大肩宽数据，网格大小选为 0.5m×0.5m。由于飞机客舱属狭小密闭空间，传统四方离散网格离散精度不能满足要求，故在传统离散网格属性的基础上增加了缩放系数。即将场景中各种因素（如过道、座椅、隔板）离散为 0.5m×0.5m 大小，并附加有两个方向上的缩放系数。从而可以从离散环境逆向获得真实的连续场景。

表 7-1 中国成年人人体数据

百分位数	最大肩宽/cm		肩宽/cm		胸厚/cm	
	男	女	男	女	男	女
1	38.3	34.7	33.0	30.4	17.6	15.9
5	39.8	36.3	34.4	32.0	18.6	17.0
10	40.5	37.1	35.1	32.8	19.1	17.6
50	43.1	39.7	37.5	35.1	21.2	19.9
90	46.0	42.8	39.7	37.1	23.7	23.0
95	46.9	43.8	40.3	37.7	24.5	23.9
99	48.6	45.8	41.5	38.7	26.1	26.0
注：表中的百分位数根据中国 18~55 岁的人的数据计算，数据来自《中国成年人人体尺寸》（GB 10000—1988）4.4.2、4.4.3、4.4.4 节。						

例如，某客舱座椅排距为 812.8mm，三联排座椅总宽 1574.8mm，则每排座椅可离散为 2×3 的元胞空间，每个网格缩放系数分别为 812.8/（2×500）= 0.8128 和 1574.8/（3×500）= 1.0499，如图 7-4 所示。

通过增加缩放系数的方法，可以建立较真实的撤离场景，图 7-5 所示为某客舱平面图及相应的离散元胞空间。真实客舱尺寸如下：

客舱前后部为Ⅰ型（民机出口共有 A、B、C、Ⅰ、Ⅱ、Ⅲ、Ⅳ和腹部 8 种类型出口）应急出口，出口处无障碍过道宽度均为 1016mm，共 2032mm。

经济舱 28 排座椅，排距 838mm，座椅深度 664mm，经济舱第一排座椅距前隔板距离 407mm，最后一排座椅距后隔板 101.6mm，两个Ⅲ型应急出口处采用出口宽度 50%无障碍通道设计，局部排距增加为 914.4mm，整个经济舱长度 23952.2mm。

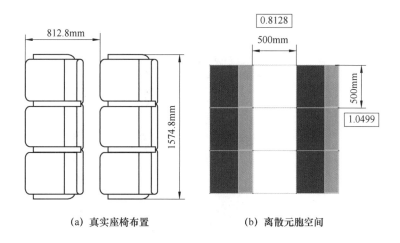

(a)　真实座椅布置　　　　(b)　离散元胞空间

图 7-4　撤离空间离散方法

前后盥洗室尺寸为 939.8mm × 939.8mm，占客舱长度 1879.6mm。后厨房长度 863.6mm。

离散时，前后 Ⅰ 型应急出口处无障碍过道为两个网格，缩放系数 1.016，座椅区域为两个网格，缩放系数 0.838，盥洗室为两个网格，缩放系数 0.9298。

全经济舱168座　座位间距：经济舱33in

(a)　某客舱平面布置图

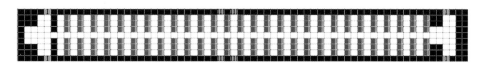

(b)　某客舱离散元胞空间

图 7-5　某客舱平面图及相应的离散元胞空间

为了能够从封闭空间内撤离出去，必须要有出口，待撤离人员将选择距离出口最近的路线运动，由于传统元胞自动机中没有这一概念，需要在元胞空间附加一个能够代表元胞空间中各个格点与出口距离的变量，我们称之为"地场值"。

物理环境建后，可以通过某些准则建立静态势场，静态势场类似于地势的高低，距离出口越近，地势越低，势场值就越小。采用 Dijkstra 算法计算静态势场，典型环境静态势场图如图 7-6 所示。

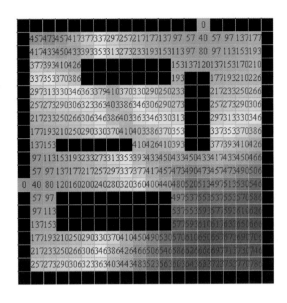

图 7-6　典型多出口带障碍物场景静态势场图

7.2.2　应急撤离规则

元胞自动机的强大之处在于规则制定的变化性，根据不同的目标制定不同的规则，可以模拟不同的物理现象。撤离仿真前需要先进行撤离规则的设置，比如乘客撤离过程中表现的行为是协作型还是竞争型，撤离过程如果前方有阻塞是考虑等待，还是向两侧搜索可行路径等。这些规则因现场环境不同而有所变化，需要在仿真开始前进行设置。

元胞空间中邻居采用 Moore 型邻居，从而可使最大可能撤离方向为 8 个方向。撤离仿真运行包括以下几个主要过程。

（1）人员可移动性判断

主要用于真实事故场景模拟，撤离适航演示验证中要求所有参试者均为身体健康者。人员可移动性主要指人员是否已经死亡，是否已经没有行动能力。

（2）撤离出口选择、移动方向选择

人员的移动方向受到多方面的影响，例如，全局出口指派、局部最小势场以及周围其他人员的影响等。人员可能的移动方向如图 7-7 所示，考虑出口位置的影响，其周围 8 个网格由一个静态势能最小者，在没有其他因素影响的情况下，将向这个静态势能最小的网格运动。考虑其他因素时，将对运动方向进行修正。如果有一个以上静态势能最小的网格，则通过随机算法进行随机选择，以模拟真实情况中结果的随机性。如果有多个人员竞争同一个网格，则按照人员的属性计算每人能够移动至这个网格的概率，按轮盘赌概率方式进行随机抽取。

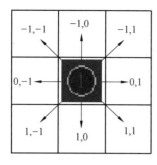

图 7-7　乘客可能的行走方向及相应的选择矩阵

7.2.2.1　方向选择算法

基本方向选择概率计算公式如下

$$p_{ij} = Nn_{ij}\xi_{ij} / \exp(k_s S_{ij} + \sum_k k_{dk} D_{ijk}) \tag{7-1}$$

式中：N ——归一化因子，$N = \left[\sum_{i,j} (n_{ij}\xi_{ij} / \exp(k_s S_{ij} + \sum_k k_{dk} D_{ijk})) \right]^{-1}$；

n_{ij} ——障碍因子，如座椅、卫生间等：

$$n_{ij} = \begin{cases} 0, & \text{有不可越障碍} \\ 1, & \text{无不可越障碍} \end{cases}$$

ξ_{ij} ——人员占据因子：

$$\xi_{ij} = \begin{cases} 0, & \text{有人员占据并且不是本身} \\ 1, & \text{无人员占据或者是本身} \end{cases}$$

k_s ——场景熟悉程度因子，$k_s \in [0, \infty)$，

$k_s = 0$，表示场景完全陌生，场景越熟悉，运动方向的选择就越理性；

S_{ij} ——静态势场值，代表距出口的距离；

k_{dk} ——动态势场强度因子，代表各种动态势场对静态势场的影响程度；

D_{ijk} ——动态势场值，如人际关系、事故真实情况等各种动态因素对方向选择的影响。

图 7-8 为方向选择过程，它分别受到机的特性层静态势场值、机-环关系层中真实事故动态势场值、人-机关系层中人机关系动态势场值等的影响。障碍因子和人员占据因子则代表行进的不可能方向。

7.2.2.2　多目标选择算法

在计算方向选择概率 p_{ij} 中，如果有多个相等的最大概率方向，如图 7-9 所示，则按相等的概率选择其中之一。

7.2.2.3　单目标竞争算法

基于元胞自动机应急撤离模型中的单目标算法忽略了人的特性差异影响，采用等概率

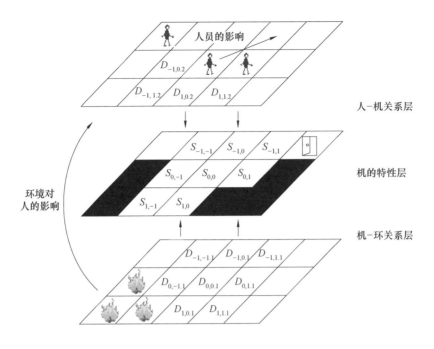

图 7-8　方向选择影响因素

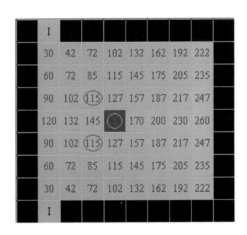

图 7-9　多目标选择示意图

随机的方法计算竞争成功的人员。为考虑人的生理因素的影响，将参加竞争的人员的属性转换为竞争的概率，通过概率中轮盘赌方式产生竞争成功的人员，其他人员则选择次优方向或者等待。

参加竞争人员 k 的竞争成功概率

$$p_k = N\frac{W_k}{N_k L_k} \tag{7-2}$$

式中：N——归一化因子，$N = \left[\sum\limits_k \dfrac{W_k}{N_k L_k} \right]^{-1}$；

W_k——人员 k 的体重；

N_k——人员 k 的年龄；

L_k——人员 k 距目标点的距离。

7.2.3　更新步长及撤离速度计算

由于基于元胞自动机应急撤离模型各个元胞的最大运动速度相同，均为 1.0 m/s，为模拟撤离过程人员间速度的差异，更新步长固定为 0.5s，撤离速度根据人员属性进行计算。

人员最大移动速度受到本身性别和年龄的限制，撤离过程中某一时刻运动速度还受到是否携带婴孩（撤离适航审定中要求携带至少三名婴孩假人）、所在位置是否有迟滞型障碍物（撤离适航审定中要求在过道上散落一些个人随身物品或座椅靠垫等）、恐慌水平、当地的照明情况的影响。适当的恐慌水平会提高移动的速度。照明条件较差，将影响运动速度。烟气浓度越大，移动速度则越慢。

为了模拟这些因素对撤离速度的影响，应考虑会对撤离速度产生影响的因素。人员 k 运动速度计算公式如下

$$v_k = v_{\max} \cdot k_{\text{panic}} \cdot k_{\text{baby}} \cdot k_{\text{delay}} \cdot k_{\text{light}} \tag{7-3}$$

式中：$v_{\max}$——人员最大运动速度；

k_{panic}——人员恐慌水平影响因子；

k_{baby}——携带婴孩影响因子；

k_{delay}——障碍物影响因子；

k_{light}——照明情况影响因子；

公式中，在撤离人员运动恐慌系数 $c_{\text{panic}} = 0$、恐慌水平影响因子 $k_{\text{panic}} = 1$，以及没有携带婴孩 $k_{\text{baby}} = 1$，所在位置障碍物对撤离人员运动无迟滞作用 $k_{\text{delay}} = 1$，照明水平为参考照明水平 $k_{\text{light}} = 1$ 的情况下，人员的运动速度即为最大运动速度 $v_{\max}$。

人员最大运动速度与年龄、性别等人的本身属性相关，在此采用 Galea 统计整理的最大运动速度数据，见表 7-2，此数据来源于对现有飞机应急撤离试验录像中人员运动速度数据进行的统计分析。

表 7-2　人员最大运动速度

分　组	最小值/（m/s）	最大值/（m/s）
男性 18~50 岁	1.0	1.2

表 7-2（续）

分　组	最小值/（m/s）	最大值/（m/s）
男性 50~60 岁	0.7	1.1
女性 18~50 岁	0.9	1.2
女性 50~60 岁	0.5	0.9

7.2.3.1　考虑人员恐慌情绪的影响

在飞机事故应急撤离过程中，由于事故特征的强烈程度有强有弱，各人员心理特征也有所不同，导致人员在面对事故环境时会呈现出不同程度的恐慌情绪，而恐慌情绪对应急撤离的影响主要体现为个体感知、判断、决策以及行动能力的改变，具体体现为移动速度和位置竞争等情况的变化。

设定撤离人员恐慌程度 L_{panic}，定义其取值对应的人员情绪状态见表 7-3。

表 7-3　不同参数值对应的恐慌程度 L_{panic}

取　值	恐慌程度
0	正常
1~2	轻微紧张
2~3	轻度恐慌
3~4	中度恐慌
4~5	严重恐慌
5	极度恐慌

$$L_{panic} = pl_0 + \frac{a_p}{16}(5 - pl_0) \tag{7-4}$$

式中，pl_0 为事故基础恐慌程度，初始可以设置为 1；a_p 为人员受到的过载峰值，取值范围为 $a_p \leqslant 16$。

（1）考虑恐慌情绪对运动速度的影响

考虑恐慌情绪对运动速度的影响，在人员运动速度中引入影响系数，即

$$v_{panic} = k_{panic} v \tag{7-5}$$

式中，v 为人员正常状态下的运动速度；k_{panic} 为人员恐慌水平影响因子，其计算公式为

$$k_{panic} = 1 - c_{panic} \tag{7-6}$$

c_{panic} 为运动恐慌系数，是 L_{panic} 的函数，定义其表达式为

$$c_{panic} = \beta_1 e^{\beta_2 \cdot L_{panic}} \tag{7-7}$$

式中，β_1、β_2 为速度恐慌影响因子。

（2）考虑恐慌情绪对位置竞争的影响

其中，在撤离人群的移动过程中，可以观测到一些集体现象被称为行人流群体宏观现象。考虑机舱撤离的实际情况，重点考虑堵塞成拱现象以及快即是慢现象。

①堵塞成拱现象

当分散的行人从疏散空间内通过狭窄的出口时，由于出口宽度有限，聚集而来的行人会从出口的侧面涌向出口，从而使得出口位置的行人流呈拱形分布，如图7-10所示。尤其是当行人流密度较高，出口附近堵塞成拱之后，由于拱形内的行人不能及时离开疏散空间，会拥挤其他行人，极易发生拥挤事故。

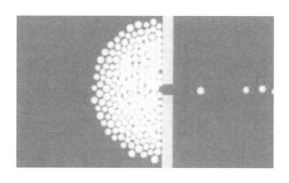

图7-10 拥挤行人流堵塞成拱

②快即是慢现象

研究表明，当系统内的行人都期望以更快的速度到达安全出口时，个体行人对行人流的影响会加大，导致个体和整体的速度减慢，反而降低了系统的疏散效率。尤其是在火灾等应急撤离的过程中，极易导致行人生还概率的降低。

结合元胞自动机建立撤离人流拥挤疏散仿真模型，研究撤离人流拥挤疏散过程中力的传递累积作用。社会力模型在仿真行人流微观和宏观特征方面有很大优势，可以较好地实现行人流移动过程中的群体行为。但是由于社会力模型是连续型模型，元胞自动机模型是离散型模型，难以直接将这两个模型结合。因此，考虑借鉴社会力模型的相关方法，建立一个基于元胞自动机的拥挤力模型。在原位置竞争机制中引入拥堵概率 p_{crowd}。定义拥堵概率表达式为

$$p_{\text{crowd}} = \lambda \left(0.1 \text{mean}_{L_{\text{panic}}} \right) e^{0.1 \text{mean}_{L_{\text{panic}}}} \tag{7-8}$$

式中，λ 为拥堵概率系数；$\text{mean}_{L_{\text{panic}}}$ 为参加当前位置竞争人员的平均恐慌程度。

a. 拥挤力

社会力模型中，行人在移动过程中会产生指向目标位置的自驱动力。但是当行人处于拥挤状态而无法移动时，行人的自驱动力就变成了对周围其他行人或障碍物的拥挤力。参考牛顿第三定律，此时该行人会受到大小相同、方向相反的反作用力作用于行人自身。

其次，行人之间的拥挤力是可以传递的。当某个行人受到的拥挤力合力超过一定数值时，该行人与地面的摩擦力难以抵消这些拥挤力的合力，会导致拥挤力向周围其他行人传递。如果拥挤力的方向没有行人，那么该行人可能被拥挤力改变原始移动方向，移动至拥挤力方向的空格位置。此外，行人受到的拥挤力是来自多个方向的。行人周围的每个行人都可能传递拥挤力，虽然这些拥挤力的合力可能由于方向不同而抵消，但是行人自身受到的这些拥挤力的标量和可能非常之大。

因此，行人受到的拥挤力有以下几个特点：

·拥挤力是矢量力，有方向和大小。拥挤力的方向是由行人自身的心理状态决定，大小由行人自身的自驱动力决定。

·行人受到的拥挤力是可以传递的。当一个行人受到的摩擦力不足以抵消受到的拥挤力合力时，行人便作为介质传递拥挤力。

·行人受到的拥挤力效果是由拥挤力传递过程中拥挤力的标量和来决定的。行人可能受到来自多个方向的拥挤力，这些力由于方向不同而发生抵消，但是行人受到的力的效果是由这些力的标量和决定的。

b. 恐慌系数

考虑到撤离人群的恐慌程度会影响行人的拥挤力，因此可以通过引入恐慌系数（用 k_{panic} 表示）来确定撤离人群的自驱动力。实际行人流疏散过程中，当行人受到的拥挤力效果越大，行人会表现出更加剧烈的恐慌状态，也更加期望离开该疏散空间。因此，可以认为行人的恐慌系数由行人受到的拥挤力的标量决定。

行人的自驱动力包括力的方向和大小，而这两者都可以通过恐慌系数 k_{panic} 来确定。当行人的恐慌状态越严重，恐慌系数越高，则行人更加期望离开疏散空间，自驱动力的方向应该更接近于安全出口，自驱动力的大小应该比其他人更大。

c. 基于元胞自动机的拥挤力模型

行人的初始自驱动力用 F_0 表示，包括两部分：一是力的方向，二是力的大小。首先，由于不同的个体之间是存在差异的，因此假定行人初始自驱动力的取值范围为 0~1，其中 1 是自驱力的最大值。则系统内行人的初始自驱动力的大小为

$$|F_0| = F_{max} \times RAND \tag{7-9}$$

其次，考虑到行人趋于离开疏散空间的心理，因此假定行人初始自驱动力的方向指向周围距离安全出口最近的元胞，如图 7-11 所示。当行人周围存在多个位置到安全出口的距离相同时，随机选取其中一个作为初始自驱动力 F_0 的方向，行人周围某个元胞 (x_j, y_j) 到安全出口的距离为

$$S_{ij} = \begin{cases} \min(\sqrt{(x_i - x_j)^2 + (y_i - y_j)^2}) & (x_i, y_i) \text{ 为行人移动位置} \\ M & (x_j, y_j) \text{ 为疏散空间墙壁} \end{cases} \tag{7-10}$$

式中，S_{ij} 是行人周围某个元胞（x_i，y_i）与属于安全出口内的元胞（x_j，y_j）的最短距离；当（x_j，y_j）为墙壁时，行人不会选择该位置，所以 M 是一个很大的常数，这表示行人的初始自驱动力 F_0 不会指向墙壁。

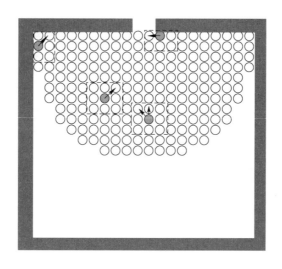

图 7-11　初始自驱动力的方向

当行人想要从当前位置移动至目标位置时，有的目标位置为空，行人可以移动至该位置。而有的目标位置可能被其他行人占据，导致该行人不能移动至该位置。行人的拥挤力是由于行人不能移动，产生的自驱动力对周围行人发生拥挤、推搡等行为而转变为拥挤力。所以，当行人可以移动时，行人的自驱动力会驱使行人移动至目标位置，而不会对周围行人产生拥挤力；当行人不能移动时，行人的自驱动力会变为对周围其他行人的拥挤力，拥挤周围行人。因此，将系统内的行人分为两种状态：拥挤状态和非拥挤状态。

行人在移动过程中需要计算移动收益 P_{ij}，其中包括两部分：方向参数 D_{ij} 和空格参数 E_{ij}

$$P_{ij} = D_{ij} + E_{ij} \tag{7-11}$$

·方向参数

在行人的疏散过程中，行人的目的是离开疏散空间，因此行人始终朝安全出口方向移动，即行人会选择移动领域内距离安全出口最近的位置作为自己的目标位置。方向参数 D_{ij} 指行人在单位步长内从初始位置移动到目标位置，行人到达安全出口的距离缩短的数值。

计算该参数时，采用静态领域参数表达不同位置对行人的吸引程度。当目标位置距离安全出口越近，行人选择该位置的可能就越大，该位置对行人的吸引力也越大。不同模型中，由于仿真规则不同，采用的静态领域参数计算方法也不同。在此采用基于欧式距离的

静态领域参数值，计算如下

$$S_{xy} = \begin{cases} \min_n\left(\min_m\left(\sqrt{(x-x_n^m)^2+(y-y_n^m)^2}\right)\right) & \text{元胞}(x,y)\text{ 不是墙或者障碍物} \\ M & \text{元胞}(x,y)\text{ 是墙或者障碍物} \end{cases}$$

(7-12)

其中，(x,y) 是系统内某元胞的坐标；S_{xy} 是该元胞(x,y)的静态领域参数值；(x_n^m,y_n^m) 是第 n 个门内的第 m 个元胞；M 是一个很大的正数，表示行人不能移动至该位置。基于欧式距离的静态领域参数值如图 7-12 所示。

```
500 500  500  500  500  500  500  500  500  500   0   0  500  500  500  500  500  500  500  500  500  500
500 9.06 8.06 7.07 6.08 5.10 4.12 3.16 2.24 1.41   1   1 1.41 2.24 3.16 4.12 5.10 6.08 7.07 8.06 9.06  500
500 9.22 8.25 7.28 6.32 5.39 4.47 3.61 2.83 2.24   2   2 2.24 2.83 3.61 4.47 5.39 6.32 7.28 8.25 9.22  500
500 9.49 8.54 7.62 6.71 5.83 5.00 4.24 3.61 3.16   3   3 3.16 3.61 4.24 5.00 5.83 6.71 7.62 8.54 9.49  500
500 9.85 8.94 8.06 7.21 6.40 5.66 5.00 4.47 4.12   4   4 4.12 4.47 5.00 5.66 6.40 7.21 8.06 8.94 9.85  500
500 10.30 9.43 8.60 7.81 7.07 6.40 5.83 5.39 5.10  5   5 5.10 5.39 5.83 6.40 7.07 7.81 8.60 9.43 10.30 500
500 10.82 10.00 9.22 8.49 7.81 7.21 6.71 6.32 6.08 6   6 6.08 6.32 6.71 7.21 7.81 8.49 9.22 10.00 10.82 500
500 11.40 10.63 9.90 9.22 8.60 8.06 7.62 7.28 7.07 7   7 7.07 7.28 7.62 8.06 8.60 9.22 9.90 10.63 11.40 500
500 12.04 11.31 10.63 10.00 9.43 8.94 8.54 8.25 8.06 8  8 8.06 8.25 8.54 8.94 9.43 10.00 10.63 11.31 12.04 500
500 12.73 12.04 11.40 10.82 10.30 9.85 9.49 9.22 9.06 9  9 9.06 9.22 9.49 9.85 10.30 10.82 11.40 12.04 12.73 500
500 13.45 12.81 12.21 11.66 11.18 10.77 10.44 10.20 10.05 10 10 10.05 10.20 10.44 10.77 11.18 11.66 12.21 12.81 13.45 500
500 14.21 13.60 13.04 12.53 12.08 11.70 11.40 11.18 11.05 11 11 11.05 11.18 11.40 11.70 12.08 12.53 13.04 13.60 14.21 500
500 15.00 14.42 13.89 13.42 13.00 12.65 12.37 12.17 12.04 12 12 12.04 12.17 12.37 12.65 13.00 13.42 13.89 14.42 15.00 500
500 15.81 15.26 14.76 14.32 13.93 13.60 13.34 13.15 13.04 13 13 13.04 13.15 13.34 13.60 13.93 14.32 14.76 15.26 15.81 500
500 16.64 16.12 15.65 15.23 14.87 14.56 14.32 14.14 14.04 14 14 14.04 14.14 14.32 14.56 14.87 15.23 15.65 16.12 16.64 500
500 17.49 17.00 16.55 16.16 15.81 15.52 15.30 15.13 15.03 15 15 15.03 15.13 15.30 15.52 15.81 16.16 16.55 17.00 17.49 500
500 18.36 17.89 17.46 17.09 16.76 16.49 16.28 16.12 16.03 16 16 16.03 16.12 16.28 16.49 16.76 17.09 17.46 17.89 18.36 500
500 19.24 18.79 18.38 18.03 17.72 17.46 17.26 17.12 17.03 17 17 17.03 17.12 17.26 17.46 17.72 18.03 18.38 18.79 19.24 500
500 20.12 19.70 19.31 18.97 18.68 18.44 18.25 18.11 18.03 18 18 18.03 18.11 18.25 18.44 18.68 18.97 19.31 19.70 20.12 500
500 21.02 20.62 20.25 19.92 19.65 19.42 19.24 19.10 19.03 19 19 19.03 19.10 19.24 19.42 19.65 19.92 20.25 20.62 21.02 500
500 21.93 21.54 21.19 20.88 20.62 20.40 20.22 20.10 20.02 20 20 20.02 20.10 20.22 20.40 20.62 20.88 21.19 21.54 21.93 500
500 500  500  500  500  500  500  500  500  500  500     500  500  500  500  500  500  500  500  500  500
```

图 7-12　静态领域参数值

行人在其移动领域内有 9 个可选位置，每个位置都有一个静态领域参数值。当行人保持不动时，行人的移动收益为 0；当行人横向或者竖向移动时，行人的步长为 1，移动收益为行人当前位置与目标位置的静态领域参数的差；当行人斜向移动时，即行人的步长为 $S_\infty - S_{ij}$，移动收益为行人目前位置与目标位置的静态领域参数的差除以 $\sqrt{2}$。以行人为中心，其移动领域内的方向参数为 D_{ij}

$$D_{ij} = \begin{cases} \dfrac{S_\infty - S_{ij}}{1} & \text{行人等待或者横向、竖向移动时} \\ \dfrac{S_\infty - S_{ij}}{\sqrt{2}} & \text{行人斜向移动时} \end{cases}$$

(7-13)

式中，S_∞ 为行人移动领域中心位置的静态领域参数值；S_{ij} 为行人可选择的移动位置的静态领域参数值。

$D_{ij}=0$ 表示行人选择该位置时，到安全出口的距离既不会增加也不会减少；当 $D_{ij}>0$，表示行人选择该位置会减少到安全出口的距离，即行人更倾向于选择该位置；当 $D_{ij}<0$ 时，

表示行人选择该位置会导致到安全出口的距离增加，因此行人会降低选择该位置的可能性。

· 空格参数

在行人疏散过程中，移动领域内的元胞位置可能被占据，排斥行人进入该位置。而如果移动领域内存在空格元胞时，则会对行人产生最大的吸引力，因此，空格参数的值由下式给出

$$E_{ij} = \begin{cases} 1, & \text{元胞位置为空} \\ 0, & \text{中心元胞位置} \\ -1, & \text{元胞位置被占据} \end{cases} \qquad (7-14)$$

此外，由于行人的方向参数 D_{ij} 和空格参数 E_{ij} 量级不同，所以不能直接相加。考虑到当移动领域内存在一个位置为空，且该位置的方向参数最大，则行人的最大移动收益位置就是该位置。而当存在一个移动位置，行人的移动收益为正，但是该位置被其他行人占据，则行人几乎不会选取该位置。因此 $\max(D)$ 将作为一个常量参数，与空格参数 E_{ij} 相乘，使得与空格参数 E_{ij} 和方向参数 D_{ij} 量级相同。因此，行人的移动收益 P_{ij} 为

$$P_{ij} = D_{ij} + E_{ij} \cdot \max(D) \qquad (7-15)$$

拥挤状态是由于行人认为自身无法移动，自驱动力转变为对周围其他行人的拥挤力，非拥挤状态是由于行人认为可以移动而产生指向最大收益位置的自驱动力。所以，区分行人是否处于拥挤状态主要是通过行人认为自身能否移动来确定。通过上述行人移动收益的计算，每个行人都会选择移动收益最大的位置作为目标位置。但是行人在移动过程中可能面临以下几种情况。

□ 同时有多个行人选择同一位置。

这些行人选择该位置的可能性是一样的，但是只有一个行人可以选择该位置。因此随机选取其中一个行人的目标位置是该位置，而其他行人原地等待。此时被选中的行人认为自身可以移动而处于非拥挤状态，产生驱使行人移动至目标位置的自驱动力，而不产生拥挤力。而其他行人处于拥挤状态，自驱动力转变为对周围行人的拥挤力。

□ 行人的最大移动收益位置被其他行人占据。

由于该行人的最大移动收益位置被占据，该行人不能移动至该位置，所以，该行人处于拥挤状态，自驱动力是其对周围行人的拥挤力。

□ 行人的最大移动收益位置为空格。

该行人的目标位置为空格元胞，行人认为自身可以移动至该位置。所以，该行人处于非拥挤状态，行人会产生驱使行人移动至目标位置的自驱动力。通过行人拥挤状态的判断，区分行人由自驱动力产生的拥挤力。当行人认为自身可以移动的时候，则行人处于非拥挤状态，不产生拥挤力。反之，则行人处于拥挤状态，其自驱动力对周围行人产生拥挤力。

行人在经过拥挤力的传递、吸收等过程后，受到周围其他行人的拥挤、推搡等行为，

产生的结果可能是行人由于拥挤力的效果移动到了其他位置而非行人的目标位置，或者由于拥挤力的效果将原本等待的行人拥挤至空格位置。因此，在行人的移动过程中，增加行人的移动概率选择模型。

如果从行人的角度考虑，行人的目标位置与行人的拥挤力的方向不一定相同，行人可能会由于拥挤力的作用而移动至其他位置，也可能周围其他行人受到的拥挤力更大而移动到了该位置，如果从行人自身选择移动而不能与周围的行人产生比较，选择概率最大的行人进入该位置的问题很难解决。但是如果从空格元胞的角度来考虑，可以根据其邻近的八个行人的初始目标位置，以及受到的拥挤力作用共同决定其中有且只有一个行人可以移动至该位置。因此，该选择模型从空格元胞的角度来解决，利用概率模型来确定移动的行人。

行人在移动的时候可能受到拥挤力的影响，与此同时行人自身的位置选择也会影响行人期望移动到的目标位置，因此认为行人的移动选择由行人受到的拥挤力在空格元胞方向的分力以及行人的初始目标位置共同决定。与行人的移动领域类似，空格元胞的移动领域是指以空格元胞为中心，其周围八个位置的行人都可能移动至空格位置，如图 7-13 所示。制定适当的概率模型，周围行人的移动概率由受到的拥挤力和初始目标位置共同决定，由移动概率决定移动的行人。

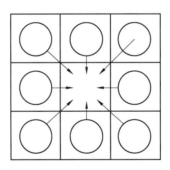

图 7-13　空格元胞的移动领域

首先，考虑行人可能由于拥挤力的作用而被迫移动至空格元胞。在行人拥挤力的分解、传递、吸收和再传递过程中，当行人不能吸收自身受到的拥挤力时会向周围行人再传递拥挤力。其中再传递拥挤力的过程中，如果行人的拥挤力分解的一个方向是空格元胞时，该拥挤力会保留在行人自身，可能拥挤行人至该空格元胞。此外，吸收和再传递过程中，有的行人存在该时间步尚未传递出去的拥挤力。因此，将空格元胞周围八个行人最终受到的拥挤力向空格元胞方向分解，行人在空格元胞方向的分力大小为

$$|F_{ij\to\infty}| = \begin{cases} F_{ij\to\infty}, & F_{ij\to\infty} > 0 \\ 0, & F_{ij\to\infty} \leqslant 0 \end{cases} \tag{7-16}$$

其中，$|F_{ij\to\infty}|$ 是移动领域内行人 (i, j) 在空格元胞方向分力的大小，$F_{ij\to\infty}$ 是行人

(i, j) 在空格元胞方向的分力。

因此，空格元胞的移动领域内行人由于拥挤力的原因选择该元胞的概率为

$$m_{ij} = \frac{|F_{ij \to \infty}|}{\sum (|F_{ij \to \infty}|)} \tag{7-17}$$

其中，m_{ij} 为移动领域内行人 (i, j) 由于拥挤力选择空格元胞的概率。

行人在空格元胞方向的拥挤力分力越大，行人选择该位置的概率越大，这与实际移动中行人由于拥挤力被拥挤至其他位置是一致的。

其次，还需要考虑行人自身的初始目标位置选择。计算完行人的移动收益，得到所有行人的目标位置。通过拥挤状态的判断，处理完多个行人可能选择一个位置的情况。用 q_{ij} 表示移动领域内行人 (i, j) 是否选择该位置，则

$$q_{ij} = \begin{cases} 1, & \text{行人选择该位置} \\ 0, & \text{行人不选择该位置} \end{cases} \tag{7-18}$$

因此，空格元胞移动领域内行人 (i, j) 由于自身的初始目标位置选择该空格元胞的概率为

$$n_{ij} = \frac{q_{ij}}{\sum (q_{ij})} \tag{7-19}$$

其中，n_{ij} 为行人由于自身的初始位置选择而选择该空格元胞的概率。

最后，空格元胞移动领域内行人 (i, j) 移动到空格元胞的概率为

$$P_{ij} = \begin{cases} \beta m_{ij} + (1 - \beta) n_{ij}, & \sum m_{ij} = 1 \text{ 且 } \sum n_{ij} = 1 \\ m_{ij}, & \sum m_{ij} = 1 \text{ 且 } \sum n_{ij} = 0 \\ n_{ij}, & \sum m_{ij} = 0 \text{ 且 } \sum n_{ij} = 1 \\ 0, & \sum m_{ij} = 0 \text{ 且 } \sum n_{ij} = 0 \end{cases} \tag{7-20}$$

式中，m_{ij} 为行人 (i, j) 由于拥挤力选择空格元胞的概率；n_{ij} 为行人 (i, j) 由于自身的初始目标位置选择而选择该空格元胞的概率；β 为调整参数，当 β 接近于 1 时，行人拥挤力的影响比较大，当 β 接近于 0 时，行人初始目标位置选择的影响比较大。

本研究取 0.5，认为二者的作用相当。当 $\sum m_{ij} = 0$ 且 $\sum n_{ij} = 0$ 时，说明移动领域内的行人都没有选择该空格元胞。

移动概率选择模型将行人的移动与动态参数和拥挤力结合，弥补了只有动态参数模型时行人移动过程的缺陷。通过该模型，可以较为真实地反映拥挤疏散时，行人的移动位置选择由于受到拥挤力的作用而发生变化的情况。

7.2.3.2 考虑客舱障碍物的影响

真实场景中，例如，坠撞冲击可能造成机上行李等物品散落在客舱中，从而形成影响

人员撤离的障碍物。为模拟障碍物对事故中人员应急撤离的影响，首先可以按照其对人员运动的影响方式将障碍物分为阻挡型和迟滞型两类。

（1）考虑阻挡型障碍物的影响

阻挡型障碍物不允许人员通过，起到阻挡人员的作用，如客舱座椅等。对于阻挡型障碍物所在的元胞，可以视其相邻元胞不可选择的方向，可以不考虑该方向上的运动速度。

（2）考虑迟滞型障碍物的影响

迟滞型障碍物允许人员通过，但需要付出更多的时间代价，起延缓人员通过的作用，如散落的行李物品等。对于迟滞型障碍物障碍区域，可对所处元胞施加"速度阻尼"，即

$$v_{\text{delay}} = k_{\text{delay}} v \tag{7-21}$$

$$k_{\text{delay}} = 1 - c_{\text{delay}} \tag{7-22}$$

7.2.3.3　考虑火源的影响

（1）考虑火源温度对运动速度的影响

考虑火源存在的情况对撤离人员的撤离速度的影响，使用能够真实模拟出火灾初期到增长阶段所发生的变化 T^2 模型。

$$Q = \partial (t - t_0)^2 \tag{7-23}$$

式中，∂ 为火灾增长系数；t 为着火后的时间；t_0 为开始有效燃烧需要的时间；Q 为火源的功率。

在国际标准 ISO/TS 16733 中，定义了缓慢、中等、快速、超快速 4 种标准的火灾类型。分别取：0.002931、0.01127、0.04689、0.1878，可以根据实际场景情况选择不同的系数，相关火灾增长系数选择标准如表7-4所示。

表7-4　火灾增长系数

火灾类别	典型可燃材料	热释放速率达到1MW的时间/s
缓慢	硬木	584
中等	棉质、聚酯材料	292
快速	纸箱、木垛、泡沫塑料	146
超快速	池火，轻质窗帘等家纺	73

大量试验显示，烟气层中过高的温度会对人体皮肤造成灼烧，并且容易被吸入呼吸道造成呼吸道的损伤，空气中的大量水分将加剧上述两种危害。通过表7-4可以看出，普通人员在较短的时间内能承受超过60℃的高温，如果烟气层温度小于60℃，人体能承受相对长的时间。

设定撤离人员温度影响程度，定义其取值所对应的客舱环境，如表7-5所示。

表7-5　不同参数值对应的温度影响程度 L_{fire}

取值	温度和湿度条件
0	<60℃，水分饱和
1~2	60℃，水分含量<1%
2~3	180℃，水分含量<1%

考虑火源温度对运动速度的影响，在人员运动速度中引入温度影响因子，即

$$v_{fire} = k_{fire} v \tag{7-24}$$

式中，v 为人员正常状态下的运动速度；k_{fire} 为温度影响系数，是 L_{fire} 的函数，定义其表达式为

$$k_{fire} = \gamma_1 e^{\gamma_2 \cdot L_{fire}} \tag{7-25}$$

其中，γ_1、γ_2 为温度影响因子。

（2）考虑火源烟雾对方向选择的影响

考虑真实场景中存在火源的情况，主要考虑由火源产生的烟雾对方向选择所产生的影响，建立烟雾在大气中的扩散模型多以高斯模型为出发点。假设以一个火灾点源为中心的烟雾强度情况满足高斯分布

$$C = C_0 + S \cdot E^{-r^2/b} \tag{7-26}$$

式中，C 为距离火灾点源距离为 r 的点的烟雾强度；C_0 为该区域的烟雾强度的背景值；S 为火灾点源处烟雾强度；b 为高斯分布参数；r 为某点距离火灾点源的距离。

若存在两个火灾点源 M、N 共同作用，则任何一点的烟雾高斯浓度具有可加性，由 M、N 的作用叠加得到。源 M 作用为 $S_M(t) \cdot \exp(-r_M^2/b_M)$，源 N 作用为 $S_N(t) \cdot \exp(-r_N^2/b_N)$，叠加结果如式（7-27）所示

$$C = C_0 + S_M(t) \cdot \exp(-r_M^2/b_M) + S_N(t) \cdot \exp(-r_N^2/b_N) \tag{7-27}$$

式中，$S_M(t)$、$S_N(t)$ 分别为源 M、源 N 强度；C_0 为烟雾浓度背景值；r_M、r_N 分别为待求点距源 M 中心、源 N 中心的距离；b_M、b_N 分别为源 M、源 N 的高斯分布参数。

其次，将具体环境影响以影响系数的方式加入上面的表达式，由此得到任何一点烟雾的实际浓度 $C(x, y, z)$ 的分布模型，如式（7-28）所示

$$C = C_0 + \left[S_M(t) \cdot \exp(-r_M^2/b_M) + S_N(t) \cdot \exp(-r_N^2/b_N) \right] r_{wv} r_{wd} r_{湿} \tag{7-28}$$

式中，r_{wv} 为风速影响系数；r_{wd} 为风向影响系数；$r_{湿}$ 为湿度影响系数。

烟雾强度模型参数的确定方法如下：

①浓度背景值 C_0：烟雾浓度背景值为在没有其他烟雾源时，当地自然条件下产生的烟雾浓度值。依具体场景而言，简单起见，分析时也可以取值为0。

②高斯分布模型参数 b：平面区域内计算已知点源的高斯分布模型参数 b 时，直接利用点源和某个相应的受影响点之间的关系，即它们的距离和各自的烟雾强度，代入式

(7-29) 就可得到 b 值。

$$b = -\frac{r^2}{\ln\dfrac{(C_i - C_0)}{S}} \qquad (7\text{-}29)$$

对于不严格满足高斯分布的情况，采用一种平均统计学方法，火灾点源周围有若干受影响的点并已知这些点的烟雾强度的时候，对于每一受影响点和源点列出一个方程求解相应的 b 值，然后求出所有 b 值的平均值作为这个区域的高斯分布参数。简称这种方法为平均值高斯参数计算法，如式 (7-30) 和式 (7-31) 所示

$$b = -\frac{r^2}{\ln\dfrac{(C_i - C_0)}{S}} \qquad (7\text{-}30)$$

$$b = \frac{1}{n}\sum_{i=1}^{n} b_i \qquad (7\text{-}31)$$

③风速影响系数 r_{wv}：已有研究表明，烟雾浓度与风速呈现一定程度的负关。这是因为风速的大小会影响烟雾颗粒的水平输送。当风速偏大时，扩散条件好，烟雾容易引起迁移。相比之下，静风、小风条件容易造成颗粒物的局地累积。有学者研究表明，一般当风速小于 2m/s 时，两者的相关性不很明显；但风速超过 2m/s 时，风速使得颗粒物浓度明显降低。当风速达到一定程度时，颗粒浓度开始上升，因为大风开始将地面灰尘大量吹到空气中，增加了其中的颗粒物含量，如式 (7-32) 所示

$$r_{wv}(x, y) = \begin{cases} wv_1, & 0 \text{ 级风或 } 1 \text{ 级风} \\ wv_2, & 2 \text{ 级风} \\ wv_3, & 3 \text{ 级风} \\ wv_4, & 4 \text{ 级风} \\ \quad\cdots \end{cases} \qquad (7\text{-}32)$$

数值范围与变化趋势：wv_1 可取为 1，wv_2、wv_3、wv_4 取值先降低后升高，非线性变化。数值确定方法：将已知记录点的数据代入模型，结合上述判断，进行参数反演。

④风向影响系数 r_{wd}：除了风速，烟雾浓度也同时受到风向的影响。迎风向浓度减小，背风向浓度增大。对每个区域给出相应的参数值如式 (7-33) 所示

$$r_{wd}(x, y) = \begin{cases} wd_{迎}, & 点(x, y) \text{ 位于火灾点源的迎风区} \\ wd_{背}, & 点(x, y) \text{ 位于火灾点源的背风区} \end{cases} \qquad (7\text{-}33)$$

数值范围：$wd_{迎}$ 处于 0~1 之间；$wd_{背}$ 大于 1。数值确定方法：将已知测点数据代入模型，结合上述判断，进行参数反演。

⑤湿度影响系数 $r_湿$：已有研究结论表明，不降水时，空气中水分加多会加重颗粒物的累积程度，烟雾浓度与空气湿度呈现一定程度正相关，即空气湿度增加，烟雾浓度上升。

$$r_湿(x,\ y) = \begin{cases} e_1, & 湿度级别 1 \\ e_2, & 湿度级别 2 \\ e_3, & 湿度级别 3 \\ \cdots \end{cases} \qquad (7\text{-}34)$$

其中，e_1、e_2、e_3 大于 1。非线性变化数值确定方法：需要采集湿度数据，研究合理的级别划分及相应的参数取值。

考虑到由于火源释放出大量的烟气从而具有很强的减光作用，撤离人员在该场景下的能见度迅速下降，对撤离人员的撤离方向的选择产生影响。能见度是指火灾发生后，待疏散人员能看清障碍物的直线距离，也是判断火灾中烟气层浓度的重要指标之一。能见度的定量标准应根据建筑物的空间大小和面积大小确定，表格中给出了不同空间的可见度范围。

表 7-6　不同建筑的可见度范围

建筑类型	最小可视范围	减光率
一般建筑	5m	0.2
大空间建筑	10m	0.1

7.2.4　应急撤离更新机制

传统的元胞自动机一般采用并行更新机制，认为各个元胞是独立并可同时进行思考、决策的个体。在更新的过程中，会出现多个元胞竞争同一个目标的现象，增加了算法的复杂性。一些学者为了简化更新算法复杂性，采用随机顺序更新机制，近似模拟并行更新算法。这些更新机制应用在撤离出口处未发生阻塞或撤离人群密度较低的情况下比较有效。如果出口处发生阻塞，人员之间将没有任何空隙，当前面的人员可移动时，后面的人员将紧跟前面的人员一起运动，而并行更新机制在更新步长中将难以考虑后面人员的跟随运动。当有人员在现场指挥时，更容易发生跟随运动的情况，如图 7-14 所示。图 7-14 假设所有人员均向右行走，不选择其他方向。图中（a）为传统并行更新机制模拟一个更新步长后人员运动情况，第二至第四个人由于受到前面人的阻挡，此步将进行等待。图（b）为实际情况中可能发生的跟随运动极限情况，比如队列行走情况。在出口阻塞撤离速度较慢的情况下也有可能发生，实际的撤离运动情况应介于两者之间。

在紧急撤离过程中，人员的撤离过程是人的决策过程，这一过程需要花费一定的时间，这一时间与更新步长之间的关系将影响撤离过程。为了能够模拟这一情况，本研究提

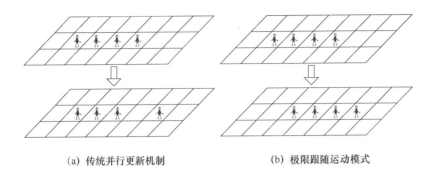

(a) 传统并行更新机制 (b) 极限跟随运动模式

图 7-14 撤离更新机制

出了基于信息流传播理论建立更新机制的方法，实际的撤离运动情况如图 7-15 所示，分析不同时间点时人员的位置可以得出基于信息流传播更新机制的更符合真实撤离过程的情况。

图 7-15 实际撤离运动情况（A380 飞机适航演示视频）

所谓信息流传播就是当信息从某一源点开始向周围传播时，各处接收到信息的时间是不同的，这一时间与源点距离成反比关系。即距离源点越远的位置接收到信息的时间延迟越大。撤离过程中当前面的人员开始运动时（代表接收到信息），后面的人从开始察觉到前面的人员开始运动到自己开始跟随运动（代表接收到信息）将有一个时间延迟（代表信息传播时间延迟）。当时间延迟达到一个更新步长时，后面被阻塞的人员将不再移动，进入下一个更新步长再进行判断。

应用于整个场景的基于信息流传播更新的过程如图 7-16 所示，首先以出口处为起点，向周围扩散搜索，逐步完成整个场景的更新。

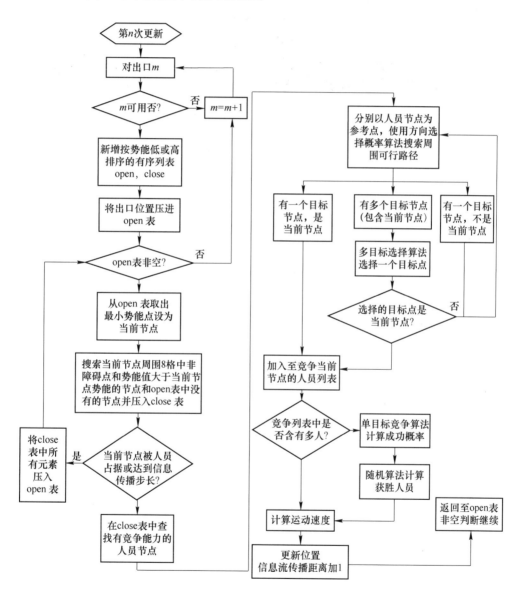

图 7-16　基于信息流传播更新流程

如图 7-17（a）的场景，假设信息流传播速度为 2 格/时间步，则一个时间步长后，位置如图 7-17（b）所示。显然，当更新速度为 1 格/时间步时，为并行更新，当更新速度为∞格/时间步时，为极限跟随运动模式。

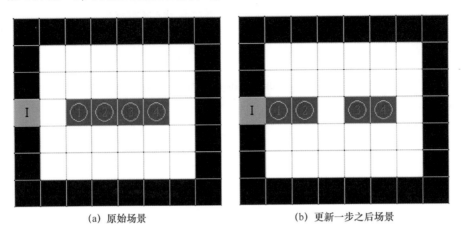

(a) 原始场景　　　　　　　　　　(b) 更新一步之后场景

图 7-17　基于信息流传播更新机制撤离影响

第8章 基于JACK平台的大型客机应急撤离仿真过程

8.1 JACK仿真环境的建立

对于虚拟环境的表示基本上有4种方法：障碍物的多边形表示；无障碍区域表示；均匀网格表示；路径图表示。因为本研究的仿真算法要采用元胞自动机算法，所以仿真环境的建立采用均匀网格表示。

而环境中的物体的离散将采用AABB（axis-aligned bounding boxes）包围盒算法。

包围盒算法的基本思想是使用简单的几何体来代替复杂的千奇百怪的几何体。有这样几类包围盒：沿坐标轴的包围盒（AABB）、包围球（sphere）、沿任意方向包围盒（OBB）（oriented bounding box）、固定方向包围盒（fixed directions hulls，FDH），以及一种具有更广泛意义的k-dop包围盒。其中，AABB包围盒最简单，一个物体的AABB被定义为包含该物体，且边平行于坐标轴的最小六面体。因此，描述一个AABB，仅需6个标量。在构造AABB时，须沿着物体局部坐标系的轴向（X，Y，Z）来构造，所以所有的AABB具有一致的方向。包围盒算法更多地用在碰撞检测中，本文将用包围盒来离散三维物体。

基于对虚拟环境的网格表示和三维物体的AABB包围盒表示，我们对虚拟环境作以下假定：

①虚拟环境中存在有限个静态障碍物和有限个动态障碍物，障碍物可以用四边形描述。

②不规则障碍物（如椅子、桌子等）在x—z平面上的投影可以简化为四边形柱体。

环境离散化的基本思想是将三维工作空间投影到二维的x—z平面上，从而将三维立体行走简化为二维平面行走。具体步骤如下：

①将仿真场所用均匀网格离散，格点值即为0（空），记在一个列表中。

②通过读取障碍物的AABB包围盒信息，主要是相对于参考坐标系的空间位置信息trans（x，y，z），取其第一维和第三维分量，从而将障碍物抽象表示为二维平面上四边形（见图8-1）。

③根据每一个障碍物多边形的两个顶点信息计算障碍物所占位的网格，将占位网格对应的值重新记为2（障碍物），存储到数据列表中，从而将障碍物离散化。

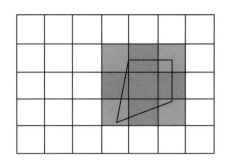

图 8-1　AABB 包围盒信息

8.2　大型客机应急撤离仿真过程

8.2.1　经济型座舱模型简化

①JET-B 方案登机门和服务门宽度为 0.86m，考虑出口处的影响，此处出口简化为一个网格宽度，即同时只能有一人通过登机门和服务门。JET-B 方案应急出口宽度为 0.50m，应急出口简化为一个网格宽度，与乘客网格大小一致。

②JET-B 方案典型剖面过道宽度为 0.48m。过道宽度简化成一个网格宽度，与乘客网格大小一致，网格宽度为 0.5m。

③座椅前后方向简化为两个网格，左右方向简化为一个网格。

④前后Ⅰ型应急出口处无障碍过道宽度简化为两个网格宽度。

⑤衣帽间长度 0.482m，简化为一个网格宽度。

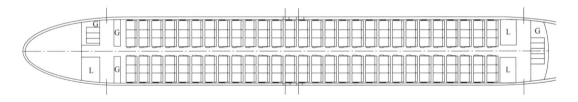

全经济舱 168 座（短划线为应急舱门位置）

图 8-2　应急出口布置

8.2.2　仿真过程

仿真过程基于这样的前提：

①应急通道上无障碍物；

②通道宽度满足相关设计要求；

③应急照明设计合理；

④应急撤离设备满足相关设计要求；

⑤民机乘务员训练良好；

⑥民机乘客处于相对冷静状态。

静态场仿真过程如下。

首先进行了静态场二维元胞自动机的模拟，静态场模型如图 8-3 所示。

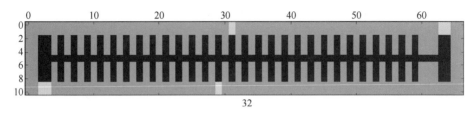

图 8-3 在疏散初始状态，舱门没有打开情况下的静态场图

以下是仿真各个时段的静态场图，由图中可以看出人员疏散的大致过程。

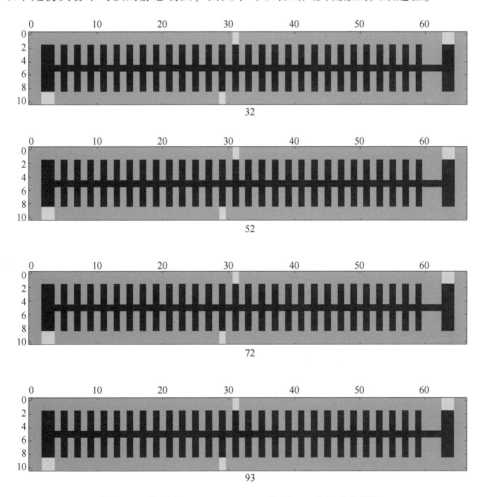

图 8-4 分别是 32、52、72、93 步及 114 步的疏散情况

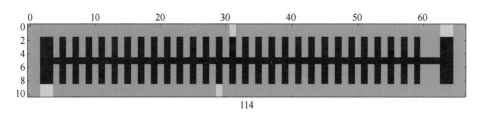

图 8-4（续）

由图中可知，在 32 个时间步之前剩余人数一直没有变化，一直为刚开始的 168 人。原因是在撤离开始，根据适航标准，要有至多 16s 的准备时间。准备时间是指舱门开启和出口辅助设施如应急滑梯展开等所需的时间，根据适航要求，从开门装置启动到出口完全打开，不超过 10s。应急出口的辅助设施必须能自动展开，而且必须在从飞机内部启动开门装置至出口完全打开期间开始展开。除 C 型应急出口的辅助设施之外，必须能在展开后 6s 内自动竖立。所以准备时间至多为 16s。此处仿真设定每个时间步为 0.5s。由此可知乘客撤离时间 $t = 132 \times 0.5 = 66s$，乘务人员最后撤离，撤离时间不超过 3s。所以总的疏散时间为 $t = 66 + 3 = 69s$，符合黄金 90s 的要求。

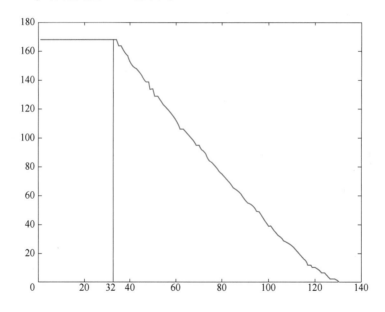

图 8-5　撤离剩余人数随时间步的变化（纵轴：人数；横轴：时间步）

第9章 大型客机应急撤离仿真

根据CCAR 25部25.803要求，大型客机撤离时间应满足不大于90s。撤离时间应包括撤离前准备时间，至最后一名机上乘员（包括机组人员）从滑梯撤至地面为止。下面针对某大型客机客舱布置方案进行应急撤离仿真与研究。

9.1 某客舱布置方案

9.1.1 典型全经济型布置

（1）采用C+Ⅲ+Ⅲ+C型出口布置，前部C型应急出口处无障碍过道宽度均为1143mm，后部C型应急出口处无障碍过道宽度均为914.4mm，共2057.4mm。

（2）经济舱28排座椅，排距812.8mm，第一排座椅距前隔板635mm，最后一排座椅距后隔板73.6mm，两个Ⅲ型应急出口处采用330mm垂直无障碍宽度设计，局部排距增加为965.2mm，整个经济舱长度23597.2mm。

（3）前后盥洗室尺寸为939.8mm×939.8mm，占客舱长度1879.6mm。后厨房长度863.6mm。

（4）客舱平面布置占用长度28829mm，如图9-1所示。

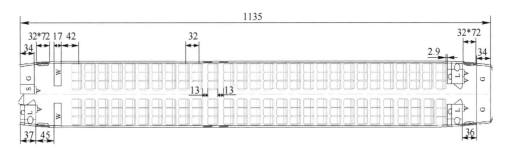

图9-1 全经济型平面布置

9.1.2 典型高密度型布置

（1）采用C+Ⅲ+Ⅲ+C型出口布置，前部C型应急出口处无障碍过道宽度均为990.6mm，后部C型应急出口处无障碍过道宽度均为914.4mm，共1905mm。

（2）高密度舱30排座椅，排距762mm，第一排座椅距前隔板距离638mm，最后一排座椅距后隔板48.3mm，两个Ⅲ型应急出口处采用330mm垂直无障碍宽度设计，局部排距增加为965.2mm，整个经济舱长度23825.8mm。

（3）前后盥洗室尺寸为939.8mm×939.8mm，占客舱长度1879.6mm。后厨房长度863.6mm。

客舱平面布置占用长度28829mm，如图9-2所示。

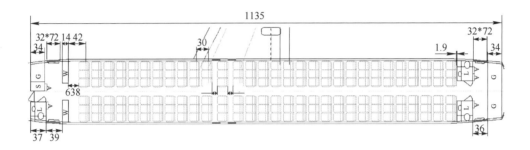

图9-2　高密度型平面布置

9.2　模型简化

为进行应急撤离分析，需要对上述模型进行一定的简化，将物理场景离散为模型能够使用的离散场景。

（1）登机门和两类服务门宽度分别为0.99m、0.9144m和0.8128m。考虑出口处撤离滑梯的影响，此处出口简化为一个网格宽度，即同时只能有一人通过登机门和服务门；应急出口宽度约为0.50m，应急出口简化为一个网格宽度，与乘客网格大小一致，由于此处应急出口为Ⅲ型翼上出口，撤离速度将受到影响。

（2）典型剖面过道宽度为0.51m。过道宽度简化成一个网格宽度。

（3）座椅前后方向简化为两个网格，左右方向简化为一个网格。

（4）前后Ⅰ型应急出口处无障碍过道宽度简化为两个网格宽度。

（5）衣帽间长度0.4318m，简化为一个网格宽度。

全经济型客舱布置模型简化场景如图9-3所示，图9-4为该场景静态场图。

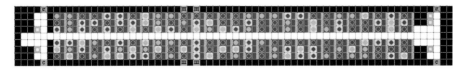

注：共计8个出口，168人。

图9-3　客舱全经济型布置模型简化场景

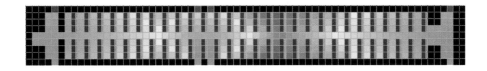

图 9-4　客舱全经济型布置简化场景静态场图

高密度型客舱布置模型简化场景如图 9-5 所示，图 9-6 为该场景静态场图。

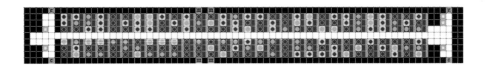

注：共计 8 个出口，180 人。

图 9-5　客舱高密度型布置模型简化场景

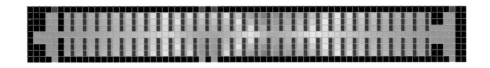

图 9-6　客舱高密度型布置简化场景静态场图

9.3　典型客舱布置应急撤离仿真

9.3.1　全经济型客舱应急撤离性能计算

下面将采用基于多智能体和元胞自动机的民机应急撤离模型，以及第 5 章建立的仿真系统对典型客舱布置进行撤离仿真分析。根据应急撤离试验适航要求，应急出口只能有一半可以使用，故本仿真将停用其中 4 个应急出口。对此仿真模型共计进行1000 次撤离仿真计算，仿真结果如表 9-1 所示。需要注意的是这里只计算乘客到达撤离滑梯上为止，不计乘客从应急撤离滑梯滑至地面时间以及乘务人员的撤离时间。

由表 9-1 可知，总撤离时间范围 63.2~79.2s，平均撤离时间为 70.0s。平均 OPS（最优性能统计）为 0.2411。说明飞机撤离需要有乘务人员在客舱中进行指引，撤离性能还可以提高。由于 OPS 远大于 0.1，说明出口位置布置不合理，从平面布置图中可以看出，客舱后部撤离压力较大。考虑乘务人员 4 名及机长撤离至地面的时间，撤离时间应适当增加 4~6s，即平均撤离时间为 75.0s。综合考虑，满足适航撤离要求。

表 9-1　全经济型应急撤离时间数据表

	参数	TET/s	PET/s	FOT/s	OPS
模型仿真结果	最小	63.2	31.8	6.5	0.1636
	平均	70.0	34.2	8.7	0.2411
	最大	79.2	36.6	10.1	0.3372
	标准差	2.46	0.74	0.48	0.0292

通过 1000 次仿真计算结果，可得到大客全经济型客舱总撤离时间分布如图 9-7 所示。

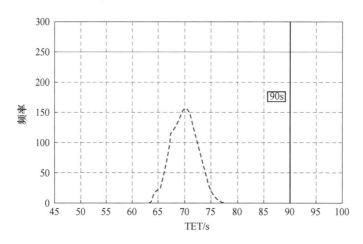

图 9-7　全经济型总撤离时间分布（未考虑乘务人员）

图 9-8 为以 1000 次计算的飞机撤离性能图，由图可知大部分 OPS 值处于较理想区间，虽然满足撤离时间要求，但撤离程序上还有很大的改进空间。

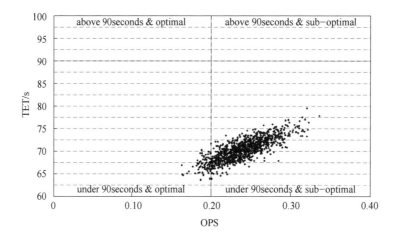

图 9-8　全经济型撤离性能图（1000 点）

图9-9为大型客机撤离包线，图中可以看出出口打开之前乘客处于等待状态，然后撤离人数随时间基本上以线性规律增加，至撤离快结束段，撤离人数随时间变化开始减少，说明有部分出口已经撤离完毕。

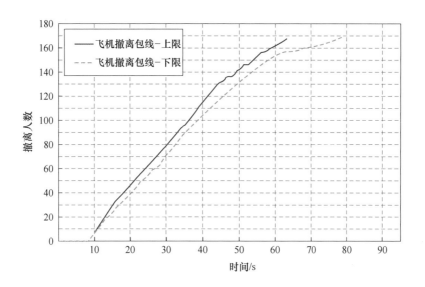

图9-9 全经济型撤离包线

通过仿真计算，我们可以得出如下一些结论：

①1000次仿真平均总应急撤离时间75.0s，撤离时间符合要求；

②OPS值较大，说明客舱出口布置不合理，客舱后部撤离压力较大；

③可以设置引导乘务员，向乘客通报各个出口的情况，引导疏散乘客往人流量少的出口疏散。

9.3.2 高密度型客舱应急撤离性能计算

对高密度型模型共计进行1000次撤离仿真计算，仿真结果如表9-2所示。需要注意的是这里只计算到乘客到达撤离滑梯上为止，不计乘客从应急撤离滑梯滑至地面时间以及乘务人员的撤离时间。

由表9-2可知，总撤离时间范围为65.0~79.8s，平均撤离时间为72.3s。平均OPS为0.2265。说明飞机撤离需要有乘务人员在客舱中进行指引，撤离性能还可以提高。由于OPS远大于0.1，说明出口位置布置不合理，从平面布置图中可以看出，客舱后部撤离压力较大。考虑乘务人员4名及机长撤离至地面时间，应适当增加4~6s时间，即平均撤离时间为77.3s。综合考虑，满足适航撤离要求。

通过1000次仿真计算结果，可得到高密度型客舱总撤离时间分布如图9-10所示。

表 9-2　高密度型应急撤离时间数据表

		TET/s	PET/s	FOT/s	OPS
模型仿真结果	最小	65.0	32.9	7.1	0.1421
	平均	72.3	35.3	8.7	0.2265
	最大	79.8	38.0	9.9	0.3328
	标准差	2.25	0.70	0.45	0.0262

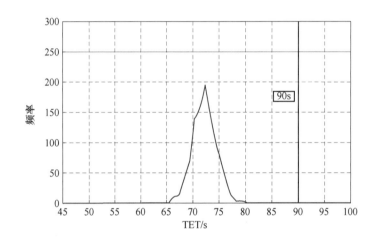

图 9-10　高密度型总撤离时间分布（未考虑乘务员）

图 9-11 为以 1000 次计算的飞机撤离性能图，由图可知大部分 OPS 值处于较理想区间，虽然满足撤离时间要求，但撤离程序上还有很大的改进空间。

图 9-12 为大型客机撤离包线，由图中可以看出，出口打开之前乘客处于等待状态，然后撤离人数随时间基本上以线性规律增加，至撤离快结束段，撤离人数随时间变化开始减少，说明有部分出口已经撤离完毕。

通过仿真计算，我们可以得出如下结论：

①1000 次仿真平均总应急撤离时间 77.3s，撤离时间符合要求；

②OPS 值较大，说明客舱出口布置不合理，客舱后部撤离压力较大；

③可以设置引导乘务员，向乘客通报各个出口的情况，引导乘客往人流量少的出口疏散。

9.3.3　全经济型客舱翼上Ⅲ型出口布置建议

为了获得翼上Ⅲ型出口不同位置对撤离时间的影响，以全经济型客舱布置为基础，分

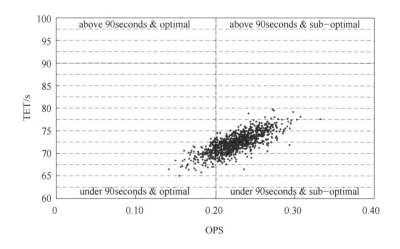

图 9-11　高密度型撤离性能图（1000 点）

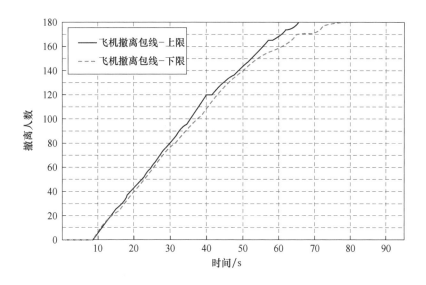

图 9-12　大型客机撤离包线

别将翼上Ⅲ型出口向客舱后部方向移动 1 排、2 排和 3 排座椅，总撤离时间变化如图 9-13 所示（总撤离时间变化：70s→67s→63s→63s）。

　　由图 9-13 可以看出，随着Ⅲ型出口的后移，撤离时间在逐步减少，主要是因为前部出口和后部出口撤离人数在逐步趋于平衡，OPS 值在逐步减少。出口位置后移 2 排和后移 3 排情况差异不明显，说明在 OPS 值较小情况，出口位置的改变对撤离时间的影响不显著。OPS 变化如图 9-14 所示。

　　全经济型不同Ⅲ型出口位置对撤离包线的影响如图 9-15 所示，由图 9-15 可以看出撤离前期乘客撤离流量变化基本一致，到撤离后期，因有部分出口撤离完毕，导致撤离流量下降，增加了撤离总时间。

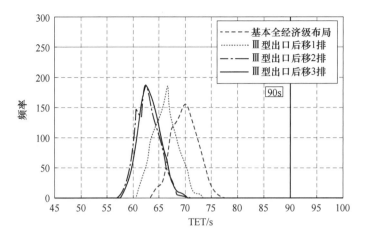

图 9-13　全经济型不同Ⅲ型出口位置对撤离时间的影响

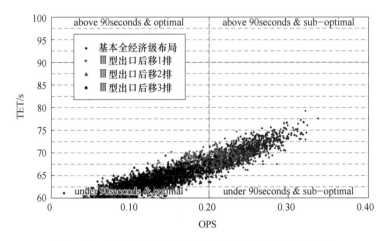

图 9-14　全经济型不同Ⅲ型出口位置对撤离性能的影响

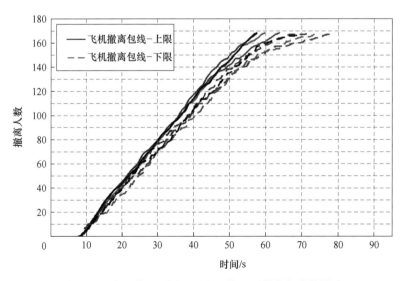

图 9-15　全经济型不同Ⅲ型出口位置对撤离包线的影响

9.3.4　高密度型客舱翼上Ⅲ型出口布置建议

为了获得翼上Ⅲ型出口不同位置对撤离时间的影响，以高密度型客舱布置为基础，分别将翼上Ⅲ型出口向客舱后部方向移动 1 排、2 排和 3 排座椅，总撤离时间变化如图 9-16 所示（总撤离时间变化：72s→68s→65s→64s）。

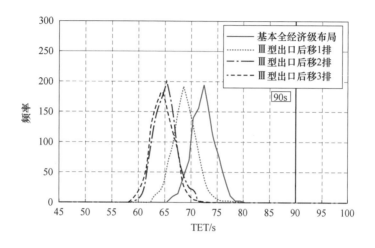

图 9-16　高密度型不同Ⅲ型出口位置对撤离时间的影响

由图 9-16 可以看出，随着Ⅲ型出口的后移，撤离时间在逐步减少，主要是因为前部出口和后部出口撤离人数在逐步趋于平衡，OPS 值在逐步减少。后移 2 排和后移 3 排的差异不明显，说明在 OPS 值较小的情况下，出口位置的改变对撤离时间的影响不显著。OPS 变化如图 9-17 所示。

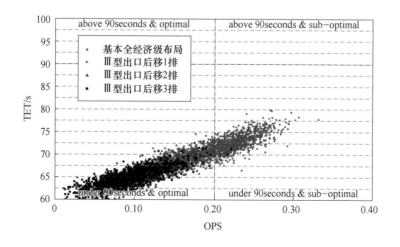

图 9-17　高密度型不同Ⅲ型出口位置对撤离性能的影响

高密度型不同Ⅲ型出口位置对撤离包线的影响如图9-18所示，由图9-18可以看出，撤离前期乘客撤离流量变化基本一致，到撤离后期，因有部分出口撤离完毕，导致撤离流量下降，增加了撤离总时间。

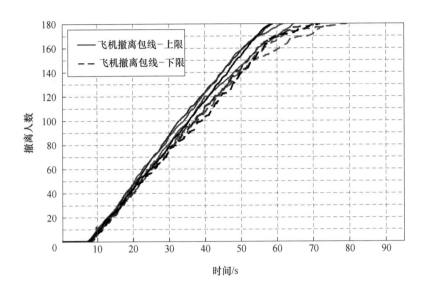

图9-18　高密度型不同Ⅲ型出口位置对撤离包线的影响

9.3.5　结论

通过对典型全经济型和高密度型客舱布置模型撤离仿真研究，得到平均总撤离时间分别为75.0s和77.3s，满足适航要求的90s撤离时间限制。但由于翼上Ⅲ型出口布置不太合理，导致OPS值较大。针对机翼位置，建议将翼上Ⅲ型出口向后移动1排~2排座椅位置，以减少各出口间乘客分配的不均匀性。

9.4　应急撤离方案

9.4.1　撤离区域划分

根据应急撤离仿真结果，大型客机应急撤离区域划分建议按如下方案进行：

①陆地撤离区域划分；

②水上撤离区域划分。

水上撤离一般不使用翼上出口。

9.4.2 撤离路线

大型客机应急撤离路线如图 9-19 所示。

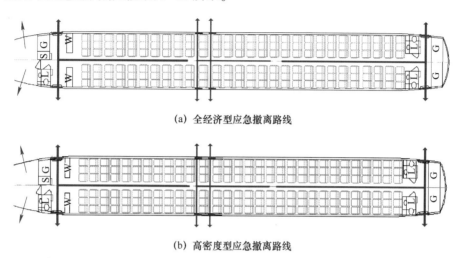

(a) 全经济型应急撤离路线

(b) 高密度型应急撤离路线

图 9-19 大型客机应急撤离路线图

第 10 章 基于社会力理论的元胞自动机应急撤离模型

10.1 排斥力的量化

当人与人或者人与墙有互相碰撞或者达到危险距离的趋向时，就出现排斥力。将排斥力在元胞自动机的表现形式划分为如图 10-1 所示的三种形式。乘客受到的排斥力可以分为三类：

（1）当两个或者多个人向同一目标运动时，出现排斥力；这种情况通常发生在人们争夺有限资源或空间时，例如，在狭窄的走廊或人行道上，两个行人向同一方向行走，或者在超市购物时两个人同时争抢同一商品。这种情况下，排斥力主要表现为避免碰撞或争夺资源的避让行为，例如，突然改变方向、减速或者停步等。

（2）当一个运动中的行人（即首选是运动）将要撞到一个静止行人（即其首选是待在原来的格点位置）时，就出现排斥力；这种情况常常发生在行人的运动速度较快而静止行人没有足够的时间或意识做出反应时。在这种情况下，排斥力主要表现为迅速改变方向或者减速以避免碰撞的行为。

（3）当一个运动中的行人将要撞到一面墙壁时，出现排斥力。这种情况通常发生在行人的运动方向与墙壁平行或者接近平行时。在这种情况下，排斥力主要表现为迅速改变方向或者减速以避免碰撞的行为，同时可能还包括一些调整身体姿势以适应墙壁形状的行为。

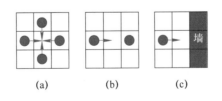

(a)　　　　　(b)　　　　　(c)

图 10-1　出现三类排斥力的情况

图（a）表示第一种在元胞自动机内排斥力的情况，Kirchner 等人对此展开了一定的研究，箭头方向代表的是相应元胞的首选。每个乘客的运动概率由公式（10-1）计算

$$p_{ij} = (1 - r_1)/n, \qquad i = 1, 2, \cdots, n \qquad (10-1)$$

式中，n 表示参与竞争元胞空间的总人数；n 个乘客保持不动的概率为 r_1；则运动的概率为

138

$1 - r_1$；每一位乘客被选中运动的概率相等。元胞空间(i, j)进入乘客的概率就为$p_{ij} = (1 - r_1)/n$。

人与人之间或人与墙壁之间的排斥力具有一定的相似性，可以按照公式（10-2）、式（10-3）计算

$$p = 1 - r_2 \qquad (10-2)$$

$$p = 1 - r_w \qquad (10-3)$$

式中，r_2表示的是第二种形式的排斥概率，即运动乘客与静止乘客之间的排斥力；r_w则表示的是乘客与墙壁之间的排斥力。

排斥力的出现是因为乘客在应急撤离的情况下为保证自身安全而出现的规避伤害的行为。排斥力的大小取决于人与人之间或人与墙壁之间的相对速度，相对速度越大，排斥力越大，反之越小，排斥概率与排斥力成正相关。在文献引入了一种人工神经网络中普遍使用用的 sigmoid 函数描述排斥概率

$$r = \frac{1 - e^{-\alpha V}}{1 + e^{-\alpha V}} \qquad (10-4)$$

$$p = 1 - r = \frac{2e^{-\alpha V}}{1 + e^{-\alpha V}} \qquad (10-5)$$

式中，V表示相对速度；α表示硬度系数，依赖行人对物理冲突的承受极限，反映出人对人或墙壁对人的可能伤害程度。

对于两个运动的人，如果他们是相向而行，则$V = 2v$；若两人当中一人静止，则$V = v$；对于运动的行人和墙壁之间的排斥作用$V = v$，v表示的是期望速度。在本书的飞机应急撤离情况中，如果乘客过道足够宽阔，两位乘客同时需要奔向相同的出口时可能会出现如图 10-2（d）的情况。此时，两位乘客的速度不相同，存在追赶超越的行为，为了避免碰撞，人们会产生相应的横向避让或减速行为，这同样与相对速度有关（$V = |v_1 - v_2|$），不仅如此，两人逐渐靠近，受到的排斥力逐渐增大，说明排斥力与两人之间的距离同样成正相关关系。

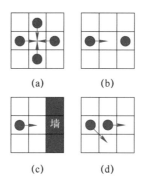

图 10-2　四类排斥力出现情况

10.2　摩擦力的量化

在人员密集的情况下，摩擦力往往对人员疏散起着比排斥力更大的作用。摩擦力表现为人与人、人与墙接触时的减速行为。在元胞自动机模型中，每个行人的期望速度都是一样的（每个时间步移动一格），因此摩擦力出现在如图10-3所示的三种情况下。

为了量化应急撤离中摩擦力的作用，Song 等人引入了摩擦概率。对图中三种情况，分别给出了如下的概率公式

$$p_i = 1 - f_1 \tag{10-6}$$

$$p_i = 1 - f_2 \tag{10-7}$$

$$p_i = 1 - f_w \tag{10-8}$$

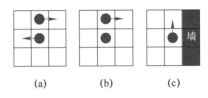

图 10-3　三类摩擦力出现的情况

上述三种公式中的 f 都表示摩擦概率，在元胞自动机模型当中，由于每位行人占据一个元胞空间，所以行人的接触程度都是一样的，不用考虑行人间或者行人与墙壁之间的接触程度。因此可以引入一个简单的关系公式表示摩擦概率，如式（10-9）所示

$$f = \theta V \tag{10-9}$$

但是这样的公式可能会存在一些问题，若速度 V 足够大时，f 可能超过 1，这样就会使摩擦力概率小于 0，这是不符合实际的，因此我们引入一个系数 θ 将摩擦概率和排斥概率联系起来，如式（10-10）所示

$$f_n = \theta r_n \tag{10-10}$$

10.3　元胞自动机—社会力模型建立

在社会力模型中，排斥力和摩擦力是描述人员避免潜在伤害行为的两个关键要素。排斥力，本质上体现了人员间的互斥效应，驱使他们保持一定距离，从而预防冲突和碰撞的发生。而摩擦力，则揭示了人员与环境间的相互作用，它在人员移动时施加一定的阻力，限制其自由移动。

为了更精确地模拟人员在应急情况下的移动行为，我们引入了合力的概念。合力，作为多个力的综合体现，可以通过向量运算得出。在此背景下，我们将排斥力和摩擦力视作

影响人员移动的两个主要力量，并通过计算它们的合力来确定个体的移动方向。

在具体操作中，我们引入了一个权重系数，用以量化排斥力和摩擦力在合力中的贡献度。这个系数可根据实际场景进行调整，以准确反映不同因素对人员行为的影响程度。通过这种方式，我们不仅能够计算出人员在撤离过程中的总体移动轨迹，还能更深入地理解他们在紧急状况下的行为决策机制。

值得强调的是，合力的计算并非简单相加，而是需要综合考虑多种因素，包括人员间的相对距离以及障碍物的分布等。这些因素都会直接或间接地影响排斥力和摩擦力的大小及方向。因此，在构建模型时，我们必须对这些因素进行细致的建模和参数设定，以确保模拟结果的准确性和可靠性。

最后需要指出的是，每个人员都会对其周围空间内的其他个体产生作用力，这种作用力可通过特定的公式（如式（10-11））进行量化。这一公式为我们提供了一种有效的手段，用于分析和预测人员在复杂环境中的动态行为。

$$f_{n \to ij} = \sigma_{ij} \exp\left(-\omega \frac{l}{M} V \right) e_{n \to ij} \tag{10-11}$$

式中，$f_{n \to ij}$ 表示乘客 n 对元胞 (i, j) 内乘客产生的力；σ_{ij} 取值为 0 或 1，若元胞 (i, j) 被乘客占据，则取值为 1；若元胞 (i, j) 未被乘客占据，则取值为 0；l 表示乘客 n 与元胞 (i, j) 内乘客之间的距离；M 为常数，表示力的范围，取值为 $\sqrt{2}$；V 表示乘客 n 与元胞 (i, j) 内行人的相对速度，单位为 m/s；$e_{n \to ij}$ 表示作用力的方向，方向由元胞 (i, j) 指向乘客 n；ω 为力系数。行人受到的合力为

$$F_p = \sum_{i \neq f}^{N_p} f_{n \to ij} \tag{10-12}$$

式中，F_p 表示在元胞 (i, j) 内的乘客在 M 范围内受到其他乘客作用力的合力；N_p 为 M 作用范围内其他乘客的数量。

上述表达式考虑到了人的排斥力，接下来我们考虑障碍物对行人的排斥力，由 4.1 节第三种情形得知，障碍物对乘客的排斥力与乘客和障碍物之间的距离有关，在一定的作用力范围之内，乘客与障碍物的距离越近，受到的排斥力越大，因此障碍物作用力合力表达式如式（10-13）所示

$$f_{w \to ij} = \sigma_{ij} \exp(-\beta S_{wij}) e_{w \to ij} \tag{10-13}$$

式中，S_{wij} 表示障碍物对乘客的静态排斥场，如式（10-14）所示

$$S_{wij} = \begin{cases} d_{wij} - d_f, & d_{wij} < d_f \\ 0, & d_{wij} > d_f \end{cases} \tag{10-14}$$

式中，d_{wij} 为元胞 (i, j) 到障碍物之间的最短距离；d_f 为障碍物对行人产生排斥作用的最大距离，超过此距离不再产生作用力；β 为障碍物排斥力系数。

将量化后的人与人之间的排斥力、人与障碍物之间的排斥力和摩擦力等因素引入社会力-元胞自动机的组合模型中，结合之前的元胞自动机初始方向选择吸引力概率公式，我们可以通过式（10-15）来定义元胞单元的吸引力概率公式

$$p_{ij} = N\xi_{ij}n_{ij}\exp(-\beta S_{wij})\exp(k_f F_{pp})/\exp(SFF_{ij}) \qquad (10\text{-}15)$$

式中，N 为归一化参数，使乘客所有方向搜概率之和为 1；F_{pp} 表示乘客受到合力在其占据元胞空间内的投影；ξ_{ij} 表示元胞 (i, j) 是否被其他行人占据，若占据则为 0，否则为 1；n_{ij} 表示元胞是否为不可逾越的障碍物，当存在不可逾越障碍物时，取值为 0，否则为 1；β、k_f 为障碍物排斥场参数和乘客力场耦合参数。

在这个模型中，每个元胞单元都具有一定的吸引力概率，该概率取决于其周围环境以及与周围元胞单元之间的相互作用。这些相互作用可以包括人与人之间的排斥力、人与障碍物之间的排斥力和摩擦力等因素。这些因素都被量化为相应的吸引力或排斥力，并被引入模型中以模拟现实世界中的物理和社会行为。

具体来说，元胞单元的吸引力概率公式是基于其自身状态和周围环境的状态而计算的。每个元胞单元都会根据其周围元胞单元的状态和相互作用来更新自身的状态，并计算出下一个时间步中变为激活状态的概率。这个概率通常取决于元胞单元当前的状态及其周围元胞单元的激活状态。

此外，元胞自动机模型还可以引入其他因素，如人口流动、交通流量等，以模拟更复杂的社会现象。通过将不同的因素引入模型中，我们可以得到不同的元胞单元吸引力概率公式，从而更好地模拟现实世界中的社会行为和物理现象。

10.4　元胞应急撤离速度计算

应急撤离仿真更新步长固定为 0.5s，撤离速度根据人员属性进行计算。人员最大移动速度受到本身性别和年龄的限制，撤离过程中某一时刻运动速度还受到是否携带婴孩，所在位置是否有可越障碍，恐慌水平、当地的照明情况、真实事故中的烟气浓度等因素的影响。如果携带婴孩（撤离适航审定中要求携带至少三名婴孩假人）或者过道中有障碍物（撤离适航审定中要求在过道中散落一些个人随身物品或座椅靠垫等）将会对运动速度造成一定的影响。采用加权法计算对撤离速度产生的总影响，人员 k 运动速度计算公式如式（10-16）所示

$$V_k = V_{k\max} - k_{\text{baby}}B_{\text{baby}} - k_{\text{obstacle}}O_{\text{obstacle}} \qquad (10\text{-}16)$$

式中，$V_{k\max}$ 为人员最大运动速度；k_{baby} 表示携带婴孩影响因子；B_{baby} 表示人员 k 是否携带婴孩。

人员最大运动速度与年龄、性别等人的本身属性相关。本书采用 Galea 统计整理的最大运动速度数据，此数据来源于对现有飞机应急撤离试验录像中人员运动速度数据进行的统计分析。

表 10-1　人员最大运动速度

分　组	最小值/(m/s)	最大值/(m/s)
男性 18~50 岁	1.0	1.2
男性 50~60 岁	0.7	1.1
女性 18~50 岁	0.9	1.2
女性 50~60 岁	0.5	0.9

10.5　仿真实例

对 ARJ21-700/90 座客舱布置模型共计进行 500 次撤离仿真计算，需要注意的是，这里只计算到乘员（包括机组人员）到达撤离滑梯上为止，不计乘员从应急撤离滑梯滑至地面的时间。

其中 TET 分为考虑乘客从滑梯上滑至地面时间和不考虑乘客从滑梯上滑至地面时间两种，系统中可进行设置。乘客从滑梯上滑至地面时间受人体属性差别的影响不大，基本上只与出口离地高度（或滑梯长度）有关，既可认为此值为一常量，也可在系统中乘客属性里分别设置。

OPS 表示客舱布置的合理程度，飞机中有不只一个出口用于撤离，如果各个出口在同一时间撤离完毕最后的乘客则总撤离时间将最优，而其他情况将使总撤离时间变长。代表撤离时间是否最优的指标即由 OPS 来表示，OPS 由英国格林尼治大学防火工程研究所（Fire Safety Engineering Group，FSEG）提出，OPS 计算公式如式（10-17）所示

$$OPS = \frac{\sum_{i=1}^{n}(TET - EET_i)}{(n-1) \times TET} \qquad (10-17)$$

式中，n 为撤离可用出口数量；EET_i 为出口 i 最后一位乘客撤离时间，s；TET 为总撤离时间，s，即 $MAX[EET_i]$。

一架飞机的 OPS 不可能等于 0，只要低于某一数值即可认为撤离是理想的，而这个数值可以任意设定，FSEG 认为 OPS 低于 0.1 即可认为撤离性能是理想的。通过 TET 和 OPS，可以得到类似于图 10-4 形式的飞机撤离性能图。此图可以分为 4 个部分

第 1 象限（左下）：撤离理想且总撤离时间低于 90s；
第 2 象限（左上）：撤离理想且总撤离时间高于 90s；
第 3 象限（右下）：撤离较理想且总撤离时间低于 90s；
第 4 象限（右上）：撤离较理想且总撤离时间高于 90s。

通过多次重复撤离试验或计算机仿真，即可得到飞机撤离总体性能。如果撤离点落在

第2象限（撤离理想且总撤离时间高于90s），说明即使撤离过程很理想，撤离时间还是超过了90s，飞机布置存在问题。如果撤离点落在第3象限（撤离较理想且总撤离时间低于90s），说明即使撤离过程不是很理想，撤离时间还是低于90s，满足撤离适航要求。如果能够合理设定撤离程序，撤离时间可将继续减少。如果撤离点落在第4象限（撤离较理想且总撤离时间高于90s），说明虽然撤离时间高于90s，但有可能通过改变撤离程序，合理安排撤离过程，使撤离时间低于90s，以满足撤离适航要求。

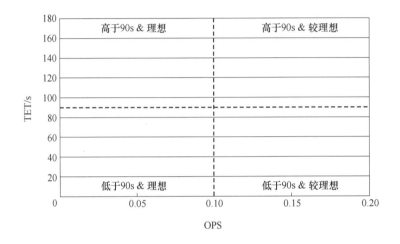

图 10-4　飞机撤离性能图

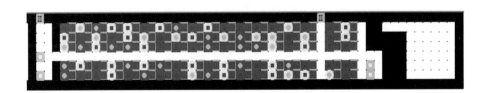

图 10-5　ARJ21-700/90 座型场景网格图

通过500次仿真计算结果（场景网格图见图10-5），可得到ARJ21-700/90座客舱布置的总撤离时间分布，根据撤离总时间曲线和柱状图呈现中间高两端低，撤离总时间近似于正态分布，如图10-6所示。

经过500次仿真计算后得到飞机撤离性能图，如图10-7所示，由图可知大部分OPS值处于左下理想区域。

由表10-2可知，总撤离时间范围为51.66~69.26s，考虑4名乘务员的撤离时间均计算在内，平均撤离时间为57.58 s。平均OPS为0.085。由于OPS小于0.1，说明出口位置布置较为合理，满足适航撤离要求。根据ARJ21-700地面演示试验57s来看，仿真结果与试验结果相差0.58s，相对误差为1.01%，可以看出，本书设置的仿真模型与试验相符，有较高的准确性与稳定性。

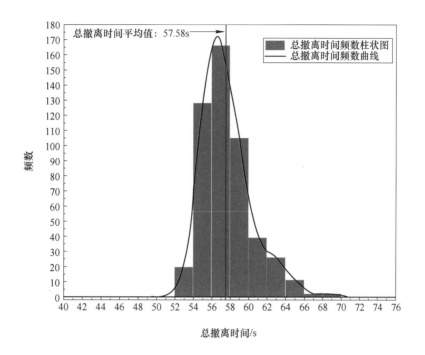

图 10-6　ARJ21-700/90 座客舱布置总撤离时间分布

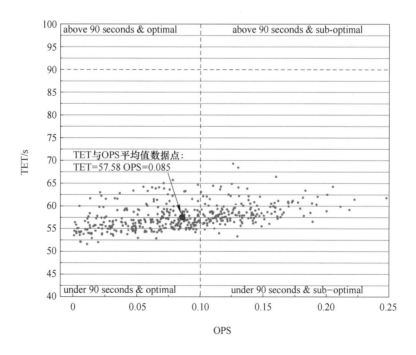

图 10-7　ARJ21-700 90 座客舱撤离性能图

表 10-2 ARJ21-700/90 座客舱布置应急撤离时间数据表

模型仿真结果	TET/s	PET/s	FOT/s	OPS
最小值	51.66	30.01	12.26	0.0011
平均值	57.58	33.28	13.26	0.0853
最大值	69.26	39.40	14.73	0.2466
标准差	2.716	1.149	0.4173	0.0474

第11章 考虑道德因素的改进社会力应急撤离模型

11.1 应急撤离中社会道德因素的影响

以泰坦尼克号沉船事故为例，该事故是和平时期死伤最为惨重的海难。在1912年4月15日0点25分，该船6号锅炉室及整个第五号水密舱被淹没，船体开始倾斜。船长果断下令让妇女和儿童优先登上救生艇。在此情况下，船员们尽力劝导头等舱的乘客（主要是妇女和儿童）尽快登上救生艇。7号小艇作为第一个被放下的救生艇，其最大载客量为65人，但当时只搭载了十多位乘客。实际上，原本可以搭载1178人的救生艇最终只承载了651人（有人跳海后被救起）。在船的左舷，救生船只承载妇女和儿童；而在右舷，则是妇女优先逃生，之后才允许男性登艇。因此，右舷的幸存者数量明显多于左舷。

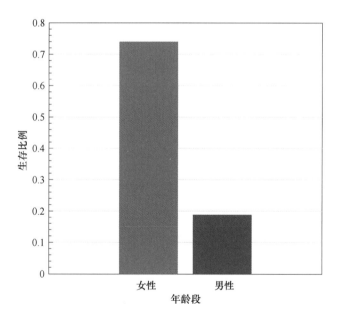

图 11-1 泰坦尼克号乘员性别与生存概率图

从这些情况可以看出，社会道德在应急撤离中起到了至关重要的作用。采取"妇孺优先"的撤离策略，使得女性幸存者的比例高达74%，而男性的生存概率仅为18.8%。此外，根据年龄数据，幼童在这次事故中的幸存率明显高于其他年龄段。这些数据充分说明，在紧急情况下，社会道德和人类文明规范的约束力对于保障弱势群体的权益具有不可估量的价值。

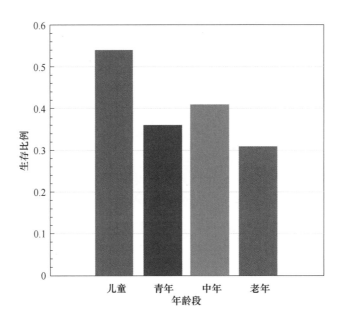

图 11-2　泰坦尼克号乘员年龄与生存概率图

由上述事件和相关数据统计我们可以总结出一定的规律：应急撤离过程中人的生理特征对应急撤离过程有一定的影响，一般情况下，年龄处于青壮年的人员生理特征良好，能够有效地利用有利条件为自己争取生存机会，男性较于女性更能保证自己生存，若考虑到人员具有"社会道德"的心理因素，我们可以总结出如下规律：根据"妇孺优先"的应急撤离策略，老幼群体会得到更多的生存空间进而提高自己的生存概率，在应急撤离过程中更快地撤离。

11.2　考虑道德因素的社会力改进模型

人与人之间的作用力在不考虑年龄以及性别的前提下仅与人和人之间的距离有关，具体公式如式（11-1）所示

$$f_{n \to ij} = \sigma_{ij} \exp\left(- \omega \frac{l}{M} \Delta V\right) e_{n \to ij} \tag{11-1}$$

现在我们首先考虑年龄对该作用力的影响，按照"妇孺优先"的策略，中青年乘员会在应急撤离中与老人、幼童保持一定的距离或者在心理上欲与这类群体产生一定的距离，这便是一种额外的心理排斥力，年龄的差距越大，二者之间产生的心理排斥力越强，因此

年龄差是作为该作用力的主要影响参数；本节中，我们可以将年龄差量化到该公式中，并且引入权重因子来判定两类因素对该作用力的影响程度，具体公式如式（11-2）所示

$$f_{n \to ij} = \sigma_{ij} \exp\left(k_{\mathrm{Age}} \mid Y_n - Y_{ij} \mid \left(- \omega \frac{l}{M} \Delta V \right) \right) e_{n \to ij} \tag{11-2}$$

式中，k_{Age} 为年龄权重因子，衡量年龄对该作用力的影响程度；$Y_n - Y_{ij}$ 是元胞 n 内的个体对元胞 (i, j) 内成员个体年龄差异。

需要说明的是，本书所建立的模型中，年龄差异产生的排斥力影响仅会在年龄相差较大情况下产生，因此，将年龄分为两个阶段：中青年（18~49 周岁）、老年（50+周岁），只有处于不同年龄阶段的个体才会产生该类排斥力，该公式可以划分为两个阶段表达式，具体如式（11-3）所示

$$f_{n \to ij} = \begin{cases} \sigma_{ij} \exp\left(k_{\mathrm{Age}} \mid Y_n - Y_{ij} \mid \left(- \omega \frac{l}{M} \Delta V \right) \right) e_{n \to ij} & (Y_n \text{ 和 } Y_{ij} \text{ 不属于同一年龄段}) \\ \sigma_{ij} \exp\left(- \omega \frac{l}{M} \Delta V \right) e_{n \to ij} & (Y_n \text{ 和 } Y_{ij} \text{ 属于同一年龄段}) \end{cases} \tag{11-3}$$

取 $k_{\mathrm{Age}} = 0.05$，$M = \sqrt{2}/2$，$\omega = 1$，取 28 岁和 60 岁对两位女性乘客进行仿真模拟，探究不同年龄段避让情况。从仿真过程如图 11-3 可知，青年女性和老年女性在撤离行动开始后的一段时间内取得了撤离的优势位置，即青年女性获得了离出口更近的路线，见图 11-3（a）；当两位乘客相遇后，青年女性对老年女性产生了避让行为，老年女性乘客取得了优势的撤离位置，排在了青年女性乘客的前面，如图 11-3（b）、（c）所示；由于老年女性速度稍慢于青年女性乘客，所以青年女性乘客向左避让，与老年乘客同时进行撤离，如图 11-3（d）所示。其中黄色圆包含绿色矩形符号■表示青年女性，黄色圆包含白色圆形符号●表示老年妇女。

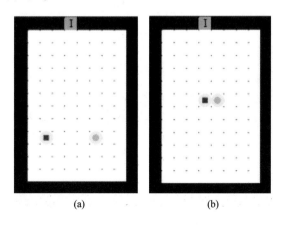

(a)　　　　(b)

图 11-3　不同年龄段避让仿真模拟

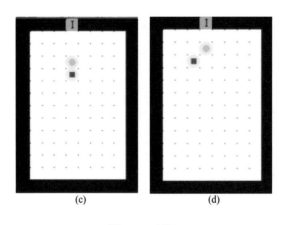

(c)   (d)

图 11-3（续）

其次，我们需要考虑性别的影响因素，男性乘客同样也会对女性乘客产生一定的距离感以保证在应急突发情况下尽可能避免受到伤害，因此，性别也是影响该作用力的重要因素。引入年龄参数后的公式具体如式（11-4）、式（11-5）所示

$$f_{n \to ij} = \sigma_{ij} \exp\left(G_{n \to ij} k_{\text{Age}} \mid Y_n - Y_{ij} \mid \left(-\omega \frac{l}{M} \Delta V \right) \right) e_{n \to ij} \tag{11-4}$$

$$G_{n \to ij} = \begin{cases} 1, & （属于同一性别） \\ 1.5, & （不属于同一性别） \end{cases} \tag{11-5}$$

式中，$G_{n \to ij}$ 表示元胞 n 内的个体对元胞 (i, j) 内乘客个体是否存在性别差异，取值为 1.5 时，表示个体 n 与元胞 (i, j) 内的个体的性别不同；取值为 1 时，代表两者的性别相同。

本例取 $M = \sqrt{2}/2$，$\omega = 1$，取 28 岁一位女性乘客和一位男性乘客进行仿真模拟，探究不同性别避让情况。从仿真过程如图 11-4 得知，最开始两位乘客坐于出口左右两侧，见图 11-4（a）；之后的一段时间内青年男性乘客取得了撤离的优势位置，即青年男性获得了离出口更近的路线，见图 11-4（b）；当两位乘客相遇后，青年男性乘客减速避让，后

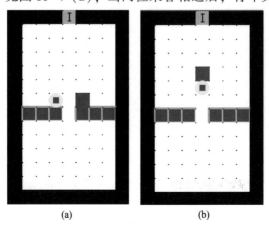

(a)   (b)

图 11-4 不同性别避让仿真模拟

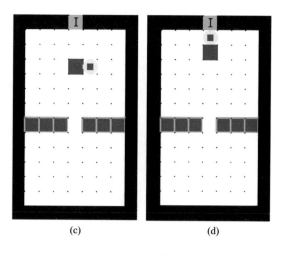

(c)　　　　　　　　　　　　(d)

图 11-4（续）

方的女性乘客向右移动试图超越男性乘客，见图 11-4（c）所示；最终青年女性乘客超过青年男性乘客取得了撤离的优势位置，如图 11-4（d）所示。其中黄色圆包含绿色矩形符号■表示青年女性，蓝色矩形包含绿色矩形符号■表示青年男性。

11.3　某型客舱应急撤离性能计算和结果比较

为利于与初始 CA-SF 模型进行对比，采用了与第 10 章中相同的 ARJ21-700/90 座型座舱布局和人群分布设置，以相同的人员速度设置进行 500 次应急撤离仿真计算，并且对人员的座位进行了随机分配，座舱场景离散网格如图 11-5 所示，场景地势场值图如图 11-6 所示。

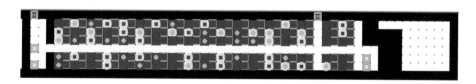

图 11-5　ARJ21-700 应急撤离场景离散网格图

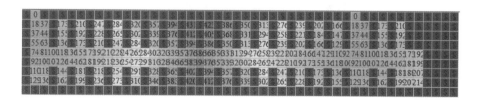

图 11-6　场景地势场值图

通过 500 次仿真计算结果，可得到 ARJ21-700/90 座客舱布置的总撤离时间分布，撤离总时间曲线和柱状图呈现中间高两端低，撤离总时间近似于正态分布，如图 11-7 所示。

图 11-8 为以 500 次计算的飞机撤离性能图，由图可知大部分数据点位于右下区域。

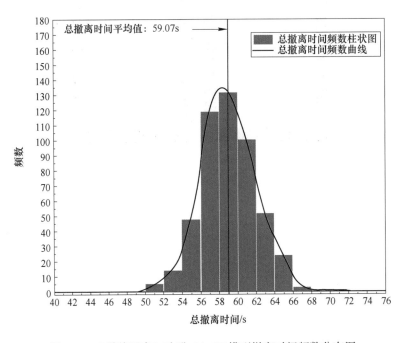

图 11-7 "道德因素"改进 CA-SF 模型撤离时间频数分布图

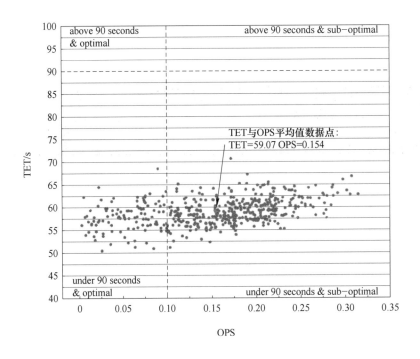

图 11-8 ARJ21-700 90 座客机改进模型撤离性能图

由表 11-1 可知，总撤离时间范围为 50.31~70.93s，考虑 4 名乘务人员的撤离时间均计算在内，平均撤离时间为 59.07s。平均 OPS 为 0.1537。由于 OPS 较大于 0.1，说明出口位置布置不太合理，需要进行出口设计优化，撤离时间满足适航撤离要求。根据 ARJ21-700 地面演示试验 57s 来看，仿真结果与试验结果相差 2.07s，相对误差为 3.63%。

表 11-1　ARJ21-700 90 座客舱布置应急撤离时间数据表

模型仿真结果	TET/s	PET/s	FOT/s	OPS
最小值	50.31	27.96	8.39	0.0016
平均值	59.07	31.53	10.48	0.1537
最大值	70.93	45.01	12.06	0.3151
标准差	2.972	1.373	0.417	0.0679

将两个模型的撤离时间-频数图和 OPS 图进行对比，如图 11-9、图 11-10 所示。引入"道德因素"的 CA-SF 模型的总撤离时间和 OPS 值都较差于改进前的 CA-SF 模型。在应急撤离过程中，人们会考虑到周围其他人的生理特征，从而判断是否需要进行避让，这一系列的动作增加了部分撤离时间。同时，出口 1 和出口 2 的撤离时间差值增大，导致 OPS 值增大，反映了在改进模型下，此客机场景出口布置变得较不合理，需要进行优化。

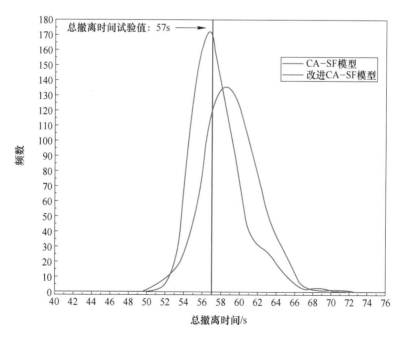

图 11-9　频数-总撤离时间对比图

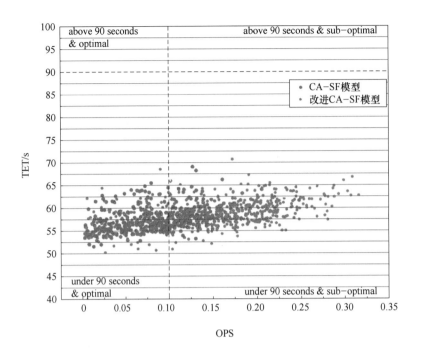

图 11-10　TET-OPS 模型对比图

第12章 非常规布局飞机应急撤离仿真

12.1 非常规布局飞机应急撤离场景建模

翼身融合布局（BWB）概念已经拥有近百年的历史，由于技术水平的限制，早期的翼身融合布局飞机如 YB-49 两架原型机，因操纵性和稳定性的问题相继坠毁。直至 B-2 战略轰炸机的出现，人们重新燃起了对翼身融合布局研究的期望，并更迫切地希望该项工程应用于民机领域。目前，各大研究所，国内外高校、企业分别从总体设计、气动布局、结构设计和操纵稳定性设计等方面开展了非常专业和细致的研究，但是在民机方面，BWB 的客舱和货舱布局设计还需要完善。潘立军、吴大卫、谭兆光等人基于适航符合性、结构空间限制，从过道宽度、最大并排座椅数、应急出口布置、盥洗室和厨房布置等方面，对翼身融合布局的客舱布置展开了研究，并通过应急撤离仿真系统分析满足"90s 应急撤离"要求。本节使用的 BWB 民机客舱布置方案如下：

（1）经济舱座椅设计：座椅靠背为 18.5in（469.9mm），扶手宽为 2in（50.8mm），客舱采用 4 个舱室的结构，过道宽度设置为 500mm，仅可供 1 人行进。座椅排距取 32in（812.8mm），为三联座椅，一共 14 排、8 列座椅。

（2）公务舱座椅设计：座椅靠背为 22.5in（571.5mm），扶手宽为 7in（177.8mm），过道宽度设置为 500mm，仅可供 1 人行进。座椅排距为 60in（1524mm），最外侧座椅除第一排乘客为单个座椅外，其余为双联座椅，一共 4 排、4 列座椅。

（3）前部工作区布置了 4 位乘务员座椅，后部工作区在靠近机尾部安排了 4 位乘务员座椅，且乘务员座椅朝向应面向中部乘客，方便观察。

（4）机身前部 2 对 I 型出口，最前方的 I 型出口供公务舱乘客使用，另一对 I 型出口供经济舱乘客使用，中心体后部机腹布置了 4 个 A 型出口（MD-82、波音 717 等有相近的尾锥型出口），每个出口配备乘务员，客舱有 4 条纵向过道和 5 条横向过道。

BWB 民机客舱布置模型简化场景如图 12-1 所示，图 12-2 为该场景静态场图。

12.2 应急撤离主要过程

民机应急撤离过程根据具体撤离情况而略有差异，但主要过程基本相同，应急撤离主要过程如下：

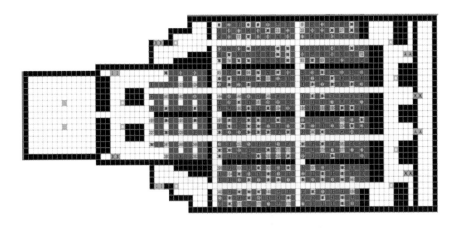

图 12-1　BWB 民机客舱布局简化场景

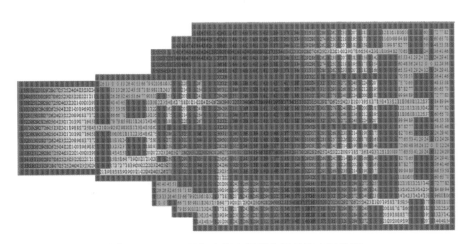

图 12-2　BWB 民机客舱布局简化场景静态场势图

（1）广播下达撤离命令（0.0s）。

（2）乘务员查看出口处外部情况，选择安全出口，并打开出口舱门，放应急撤离滑梯，靠近翼上应急出口乘客开始打开翼上出口，同时乘客开始向舱门方向移动。

（3）乘客开始撤离。

（4）乘客撤离完毕后，乘务员开始清舱。

（5）乘务员撤离。

（6）机长撤离。

12.3　仿真运行流程

系统运行流程见图 12-3，具体过程如下：

（1）创建客舱场景环境。

（2）设置人群分布和个体属性。

（3）设定撤离仿真计算参数，包括仿真次数和"道德避让"选项。

（4）开始撤离过程解算，得出应急撤离时间分布和最优性能统计结果。

（5）分析并总结飞机的撤离性能参数。

（6）根据分析结果提出客舱布置优化建议，并再次进行客舱建模和应急撤离仿真，形成闭环评估。

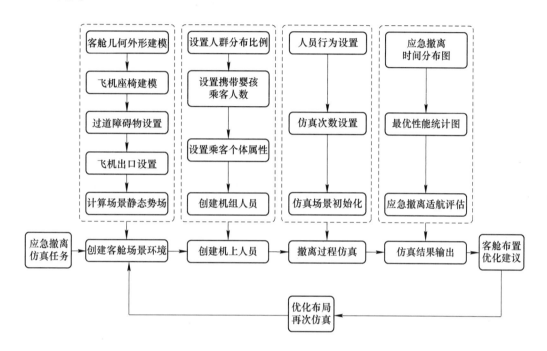

图 12-3　应急撤离仿真流程图

12.4　人员分布

在进行航空器适航审定和撤离演示验证时，人群属性分布的设置尤为重要。依据 CCAR 25 部附录 J 部分的规定，这种分布可以自动进行设置，以适应不同的飞行场景和紧急情况。同时，为了满足特定研究或测试的需要，相关人员也可以手动对人群属性分布进行修改。

CCAR 25 部附录 J 部分（h）款要求人群属性分布需要满足下列要求：

（1）至少 40% 是女性；

（2）至少 35% 是 50 岁以上的人；

（3）至少 15% 是女性，且 50 岁以上；

（4）乘客携带三个真人大小的玩偶（不计入总的乘客装载数内），以模拟 2 岁或不到 2 岁的真实婴孩。

根据以上要求，可以推出典型人群分布如表 12-1~表 12-3 所示。

表 12-1　撤离适航演示典型人群分布

性别	比例	年龄	比例
女	大于等于40%	18~49 岁	$(N_女 - N_{女50+})/N$
		50 岁以上	大于等于 15%
男	小于等于60%	18~49 岁	$(N_男 - N_{男50+})/N$
		50 岁以上	大于等于 20%
总计	100%		100%

其中：$N_女$ 表示女性人数；$N_{女50+}$ 表示女性且年龄大于 50 岁人数；$N_男$ 表示男性人数；$N_{男50+}$ 表示男性且年龄大于 50 岁人数；N 表示总人数。

表 12-2　人员运动速度及反应时间属性范围

分组	属性	最小值	最大值
男性（18岁~50岁）	运动速率/(m/s)	1.0	1.2
	反应时间/s	0.0	5.0
男性（50+岁）	运动速率/(m/s)	0.7	1.1
	反应时间/s	4.0	7.0
女性（18岁~50岁）	运动速率/(m/s)	0.9	1.2
	反应时间/s	0.0	6.0
女性（50+）岁	运动速率/(m/s)	0.5	0.9
	反应时间/s	5.0	8.0

表 12-3　人员出口迟疑时间属性范围

出口类型	最小值/s	最大值/s
A 型	0.2	0.8
B 型	0.2	0.8
C 型	0.2	0.8
I 型	0.2	0.8
II 型	0.2	0.8
III 型	0.3	2.3
IV 型	0.3	2.3

12.5　BWB 民机客舱布置应急撤离仿真

12.5.1　初始 BWB 模型客舱应急撤离性能计算

本书采用基于第 4 章和第 5 章建立的社会力模型和元胞自动机以及改进之后的仿真模型对 BWB 客舱布局进行应急撤离仿真分析，同时为每一个出口编号为 1~8 号，如图 12-4 所示。根据适航要求，应急撤离场景演练中，应急出口只能有一半处于工作状态，因此将每一对出口中的其中一个进行关闭（关闭 2、3、6、7 号出口），对此布局场景进行 100 次应急撤离仿真计算，计算结果如表 6-4 所示。需要注意的是，此次应急撤离总时间同时考虑了机长与乘务员的撤离时间。

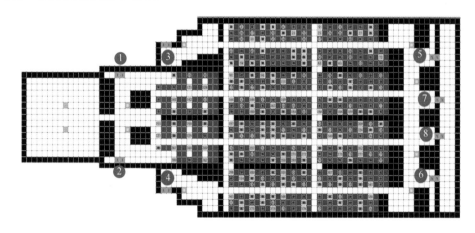

图 12-4　BWB 布局客舱布置场景图

由表 12-4 可知，本节设计的 BWB 客舱布局总撤离时间范围为 143.55~175.44s，时间跨度较大，且平均总撤离时间为 160.84s，远大于适航规章要求的 90s 撤离时间。并且 OPS 数值最小值为 0.568，最大值为 0.771，均值为 0.673，均远大于 0.1，出口布置位置不合理。本章节布置的 BWB 客舱不符合适航撤离要求，需要进一步进行优化设计。

表 12-4　BWB 客舱布局应急撤离时间仿真结果表

模型仿真结果	TET/s	PET/s	FOT/s	OPS
最小	143.55	49.25	10.40	0.568
平均	160.84	56.90	10.98	0.673
最大	175.44	62.77	11.53	0.741
标准差	6.534	2.814	0.208	0.032

100 次应急撤离仿真计算，我们得到了 BWB 客舱布局总撤离时间分布图，如图 12-5

所示，图中我们可以看出，撤离时间远大于90s。

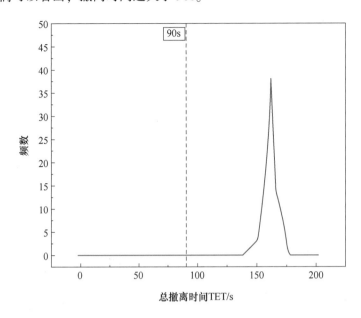

图 12-5　BWB 客舱布局总撤离时间分布图

同时我们也得到了该布局下的飞机应急撤离最优性能统计图，如图 12-6 所示，我们可以看到所有的点分布于右上方象限，说明飞机出口设计不合理。

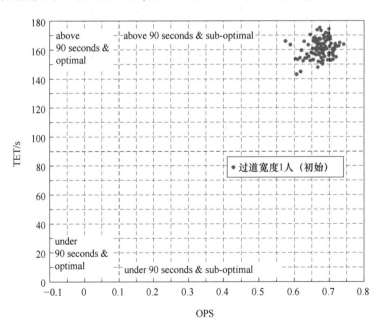

图 12-6　BWB 客舱布局应急撤离最优性能统计图

结合以上结果，我们可以从第 100s 时间的撤离过程动画中查找原因，如图 12-7 所示。该时刻下其他出口的乘客较少，大量乘客拥挤在 8 号出口位置等待撤离，同时，仿真数据结果显示：8 号出口的撤离人数高达 194 人（全机乘客为 384 人），该出口撤离人数大于一半乘客数量，极大地增加撤离时间，因此需要在此出口附近添加出口，或者改变可使用出口位置以优化总撤离时间。

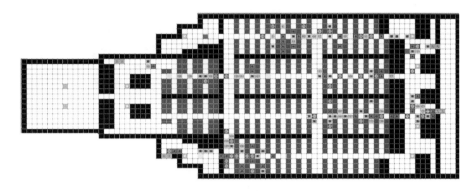

图 12-7　第 100s 时刻应急撤离场景图

12.5.2　BWB 布局新增 A 型出口布置建议

为了减轻机腹 A 型出口的压力，本节将新增一对 A 型出口（9、10 号出口）。因适航规章规定仅一半出口可使用，新增的一对 A 型出口仅一侧可使用，新增 A 型出口位置位于靠近机尾的两侧，如图 12-8 所示。其中红色圆圈表示新增 A 型出口的位置，并且选择机身右侧 A 型出口（9 号）开启，机身左侧 A 型出口（10 号）关闭。

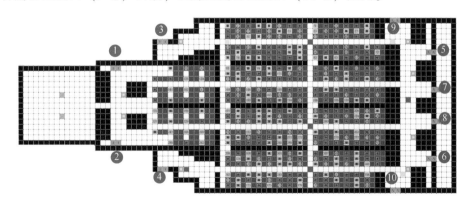

图 12-8　BWB 布局新增 A 型出口布置场景图

将改进后场景布置的静态场势图与初始场景布置静态场势图进行对比，发现机身右侧地势数值明显下降（已用黑色方框指出），如图 12-9 所示，其中图 12-9（a）表示初始 BWB 客舱场景布置静态场势图，图 12-9（b）表示改进后的 BWB 客舱场景布置静态场势图。机身左侧的乘客可以利用更近的应急出口撤离，节省部分撤离时间。

对新增 A 型出口的 BWB 客舱场景进行 100 次应急撤离仿真，开启机身左侧 A 型应急

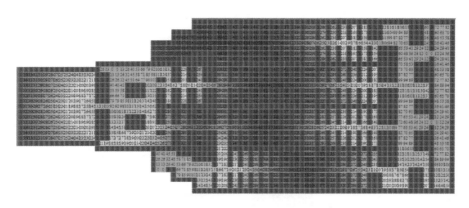

(a) 初始BWB客舱场景布置静态场势图

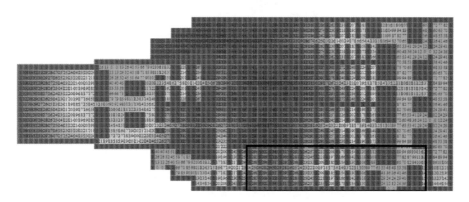

(b) 新增A型出口的BWB客舱场景布置静态场势图

图 12-9　两种客舱布置场景的静态场势图

出口，关闭右侧 A 型出口，撤离结果如表 12-5 所示。由表可知，撤离时间值为 84.44～124.23s，平均值为 101.70s，改进后的模型从平均撤离时间 160.84s 降低到 101.70s，降低了 36.77%，但是总撤离时间仍大于 90s，不符合适航应急撤离要求，还需要进一步改进客舱布置。

表 12-5　新增 A 型出口的 BWB 客舱场景应急撤离时间仿真结果表

模型仿真结果	TET/s	PET/s	FOT/s	OPS
最小	84.44	36.49	10.45	0.129
平均	101.70	41.78	10.98	0.245
最大	124.23	46.85	11.44	0.392
标准差	9.506	3.037	0.202	0.046

100 次应急撤离仿真计算，我们得到了 BWB 客舱布局总撤离时间分布图，如图 12-10

所示，图中我们可以看出，除少部分仿真的撤离时间小于 90s 外，大部分仿真应急撤离总时间大于 90s，不过与初始 BWB 客舱布局相比有较大的优化。

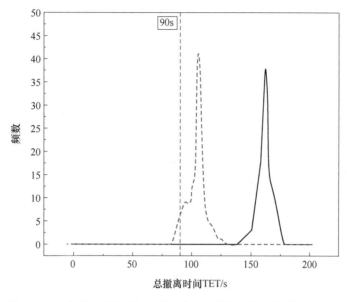

图 12-10　改进客舱布局与初始客舱布局撤离时间频数曲线对比图

由图可以看出，新增了 A 型出口后，撤离时间大幅减少，主要是因为新增的出口减轻了应急撤离时机腹出口的压力，经济舱的乘客有更多的出口选择，因此能够更快速地撤离。OPS 值减小，变化如图 12-11 所示。

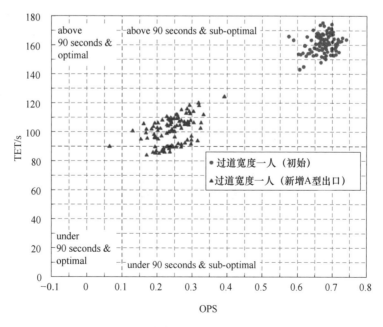

图 12-11　改进客舱布局与初始客舱布局 OPS 对比图

12.5.3 BWB 布局应急撤离的过道宽度建议

由本书第 4 章试验结论中可知，过道宽度也影响着乘客应急撤离时间，因此本节在上一节改进的客舱布置基础上，建立了过道宽度为二人和三人的客舱布局场景来探讨过道宽度的改进建议。客舱布置场景如图 12-12、图 12-13 所示，静态场势图如图 12-14、图 12-15 所示。

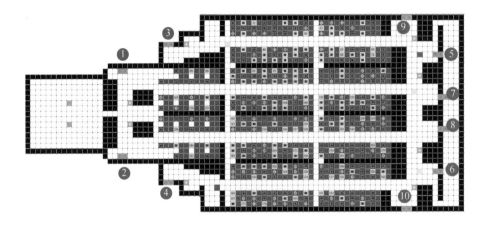

图 12-12 过道宽度可供二人行进的客舱布局

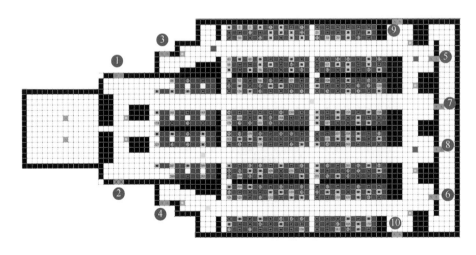

图 12-13 过道宽度可供三人行进的客舱布局

对过道宽度可供二人行进和过道宽度可供三人行进的 BWB 客舱场景各进行 100 次应急撤离仿真，开启机身左侧 A 型应急出口，关闭右侧 A 型出口，撤离结果如表 12-6、表 12-7 所示。由表可知，过道宽度增加后，总撤离时间明显下降，宽度增加为供二人同时行进后，总撤离时间平均值为 61.93s，相比 12.5.2 节中的改进布局降低了 39.10%，OPS 均值为 0.172，稍大于 0.1，但小于 12.5.2 节中 BWB 布局的 OPS 值 0.245，出口布置最优性能统计量更理想；宽度增加为供三人同时行进后，撤离时间平均值为 59.68s，相比 12.5.2 节中的改进布局降低了 41.32%，OPS 均值为 0.217，大于 0.1，较出口宽度供二人行进的 BWB 布局应急出口最优性能统计量不够理想。

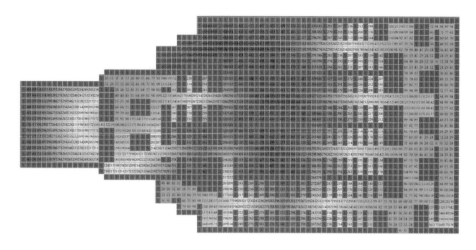

图 12-14　过道宽度可供二人行进的客舱布局静态场势图

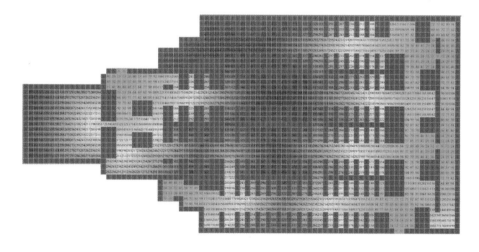

图 12-15　过道宽度可供三人行进的客舱布局静态场势图

表 12-6　过道宽度可供二人行进布局的撤离时间结果表

模型仿真结果	TET/s	PET/s	FOT/s	OPS
最小	54.41	28.90	10.54	0.094
平均	61.93	31.52	11.04	0.172
最大	71.61	33.44	11.52	0.282
标准差	3.745	1.254	0.200	0.039

表 12-7　过道宽度可供三人行进布局的撤离时间结果表

模型仿真结果	TET/s	PET/s	FOT/s	OPS
最小	53.60	28.13	10.58	0.109
平均	59.68	30.40	11.05	0.217
最大	66.46	31.64	11.57	0.3245
标准差	2.923	0.902	0.195	0.045

100 次应急撤离仿真计算，我们得到了 BWB 客舱布局总撤离时间分布图，如图 12-16 所示。由图可以看出，改进后的布局总撤离时间较过道宽度供一人行进的布局大幅优化，且加宽后的布局撤离时间均小于 90s，满足适航要求；过道宽度供二人行进的布局与过道宽度供三人行进的布局在总撤离时间上没有太大的差异。

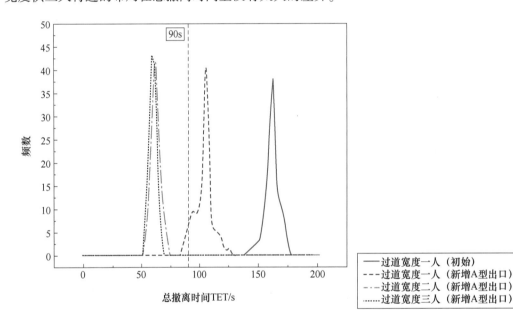

图 12-16　不同过道宽度布局总撤离时间频数对比图

增大过道宽度后，撤离时间减少，主要是因为更宽的过道使得乘客在避让的同时选择其他路线更快地向出口前进，经济舱的乘客有更多的路线选择，因此能够更快速地撤离，OPS 变化如图 12-17 所示。

综上所述，增加过道宽度能够有效地减少应急撤离总时间，过道宽度供二人行进客舱布局和过道宽度供三人行进客舱布局总撤离时间均小于 90s，满足适航要求。但过道宽度供二人行进客舱布局的最优性能统计量优于道宽度供三人行进客舱布局，考虑到机身空间利用率和应急撤离总时间，认为过道宽度供二人行进的客舱布局最优。

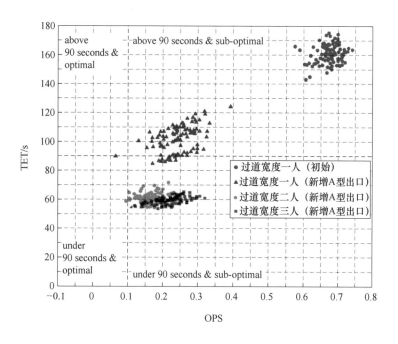

图 12-17　不同过道宽度布局 OPS-TET 对比图

12.5.4　BWB 布局改变应急出口位置布置建议

BWB 布局客机客舱宽度大于常规布局客机客舱宽度，设置不同的出口位置会改变场景中每个元胞的静态场势数值，从而影响每一位乘客的出口选择路线，进而影响全机的总撤离时间。本节从出口位置角度，对前文新增加的 A 型出口位置进行修改，将原本机身左侧的 A 型出口关闭，开启机身右侧的 A 型出口，如图 12-18 所示，静态场势图如图 12-19所示。

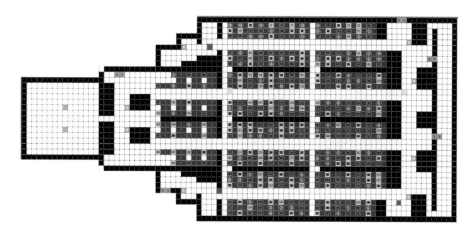

图 12-18　改变 A 型出口位置 BWB 客舱布局场景图

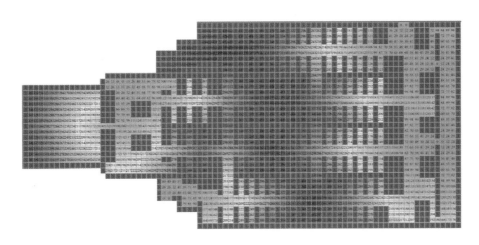

图 12-19　改变 A 型出口位置 BWB 客舱布局静态场势图

开启机身右侧 A 型应急出口，关闭左侧 A 型出口，对该客舱布置的 BWB 客舱场景进行 100 次应急撤离仿真，撤离结果如表 12-8 所示。由表结果可知，改变了 A 型出口位置后，总撤离时间明显增加，平均值为 91.27s，相比于开启机身左侧 A 型出口的布置增加了47.38%，不符合适航需求；OPS 均值为 0.417，相比于开启机身左侧 A 型出口的布置增加了 142.44%，远大于 0.1，出口布置最优性能统计量不理想。

表 12-8　开启机身右侧 A 型出口客舱布置的撤离时间结果表

模型仿真结果	TET/s	PET/s	FOT/s	OPS
最小	84.58	34.07	10.66	0.326
平均	91.27	36.67	10.998	0.417
最大	98.47	39.15	11.32	0.500
标准差	3.088	1.376	0.159	0.038

总撤离时间频数分布图如图 12-20 所示。图中我们可以看出，改变可使用 A 型出口位置后，总撤离时间大部分在 90~100s 区间内，不满足适航需求，

改变 A 型出口位置后，撤离时间增加，主要是因为部分位于机身左侧的乘客需要更多的时间前往机腹部 A 型出口撤离，机腹部的 8 号 A 型出口撤离人数过多，该出口撤离人数为 100 人同时距离机身左侧的乘客相对较远，与其他出口相比最终撤离时间数值相差较大，不符合适航要求。OPS-TET 对比如图 12-21 所示，由图可知改变后的客舱布置大部分数据点位于第 4 象限（右上）：撤离不理想且总撤离时间高于 90s。

综上所述，改变机身两侧 A 型可使用出口位置能够影响应急撤离总时间，开启机身左侧 A 型出口（10 号）的客舱布置总撤离时间和 OPS 值都要优于开启机身右侧 A 型出口（9 号）的客舱布置总撤离时间和 OPS 值，在实际的应急撤离中，合理安排可使用的出口

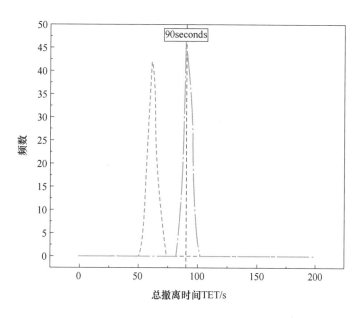

图 12-20 开启不同位置 A 型出口总撤离时间频数对比图

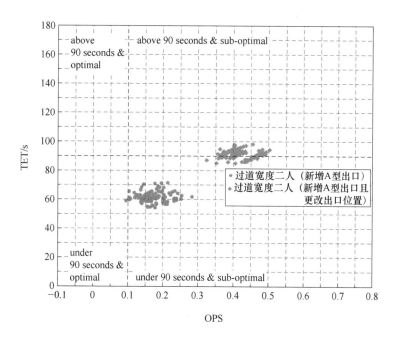

图 12-21 不同 A 型出口位置 OPS-TET 对比图

能够有效地减少撤离时间，有效地提高撤离效率。在突发情况下，BWB 客机应保证客舱
左右部分均设置可供使用的出口，以保证撤离效率最大化。

参 考 文 献

［1］ 马智 . 大型飞机人员应急撤离建模及仿真 ［M］. 西安：西北工业大学，2008.

［2］ 张玉刚 . 民机应急撤离仿真及影响因素研究 ［D］. 西安：西北工业大学，2010.

［3］ 马文帅 . BWB 布局飞机应急撤离影响因素分析与仿真 ［M］. 西安：西北工业大学，2018.

［4］ 徐顶国 . 大型客机应急撤离仿真研究 ［M］. 西安：西北工业大学，2018.

［5］ Batty M，Jiang B . Multi－agent simulation：computational space－time dynamics in GIS ［M］. Innovation in Gis VII Geocomputation，Taylor & Francis，2000.

［6］ 杜月娟 . 大型客机应急撤离仿真及参数影响性分析 ［D］. 天津：中国民航大学，2017.

［7］ 吴义兵 . 基于社会力模型的飞机应急撤离仿真研究 ［D］. 天津：中国民航大学，2018.

［8］ Siyuan M，Yongqing G，Fulu W，et al. An improved social force model of pedestrian twice-crossing based on spatial－temporal trajectory characteristics ［J］. Sustainability，2022，14（24）：16615-16615.

［9］ 杨永刚，王璟璟，宋炜 . 飞机客舱应急疏散的修正社会力模型 ［J］. 中国安全科学学报，2022，32（10）：201-206.

［10］ 封文春，李伟，张桐，等 . 基于社会属性的民机复杂群体应急撤离仿真与试验研究 ［J］. 西北工业大学学报，2022，40（4）：853-864.

［11］ Pereira L A，Burgarelli D，Duczmal L H，et al. Emergency evacuation models based on cellular automata with route changes and group fields ［J］. Physica，A. Statistical Mechanics and its Applications，2017，473：97-110.

［12］ Benseghir H，Ibrahim A B，Siddique M N I，et al. Modelling emergency evacuation from an industrial building under spreading fire using a social force model with fire dynamics ［J］. Materials Today：Proceedings，2020，41（4）：38-42.

［13］ International Civil Aviation Organization. A coordinated，risk－based approach to improving global aviation safety ［R］. Canada：International Civil Aviation Organization，2013：24-27.

［14］ Safety Regulation Group. CAP 780：aviation safety review 2008 ［R］. England：Civil Aviation Authority，2008.

［15］ 中国民用航空局 . CCAR-25-R4. 运输类飞机适航标准（第四次修订）［S］. 中国民用航空局，2011.

［16］ 王炜杰. 大型客机紧急疏散仿真及其标识系统优化研究 ［D］. 成都: 电子科技大学, 2013.

［17］ 杜红兵, 陈晨, 王燕青. 民机客舱乘客应急逃生群体行为特征研究 ［J］. 消防科学与技术, 2014 (7): 818-821.

［18］ 中国民航总局. CCAR 121—2005, 中国民用航空规章第 121 部: 大型飞机公共航空运输承运人运行合格审定规则. 2 版 ［S］. 中国民航总局, 2005.

［19］ 王璟璟. 飞机客舱应急疏散仿真研究 ［D］. 天津: 中国民航大学, 2020: 22-34.

［20］ 宋娜. 飞机乘员应急撤离瓶颈分析与仿真研究 ［D］. 天津: 中国民航大学, 2020.

［21］ Nishinari K, Kirchner A, Namazi A, et al. Extended floor field CA model for evacuation dynamics ［J］. IEICE Transactions on Information and Systems, 2004, 87 (3): 726-732.

［22］ 于彦飞. 人员疏散的多作用力元胞自动机模型研究 ［D］. 合肥: 中国科学技术大学, 2008: 14-18.

［23］ Galea E R, Blake S, Gwynne S. A methodology and procedure for the introduction of aircraft evacuation simulation to the aircraft certification process ［J］. ResearchGate, 2003.

［24］ 徐进津. 飞机客舱乘客紧急疏散仿真方法研究 ［D］. 上海: 上海交通大学, 2011.

附录 CCAR 25部中部分应急撤离要求

第25.803条 应急撤离

（a）每个有机组成员和旅客的区域，必须具有在起落架放下和收上的撞损着陆、并考虑飞机可能着火时能迅速撤离的应急措施。

（b）［备用］

（c）对客座量大于44座的飞机，必须表明其最大乘座量的乘员能在90秒钟内在模拟的应急情况下从飞机撤离至地面，该乘座量包括申请合格审定的中国民用航空总局有关营运规定所要求的机组成员人数在内。对于这一点的符合性，必须通过按本部附录J规定的试验准则所进行的实际演示来表明，除非中国民用航空总局适航部门认为分析与试验的结合足以提供与实际演示所能获得的数据等同的数据资料。

（d）［备用］

（e）［备用］

〔中国民用航空总局1995年12月18日第二次修订〕

第25.809条 应急出口布置

（a）每个应急出口，包括飞行机组应急出口在内，必须是机身外壁上能提供通向外部的无障碍开口的活动舱门或带盖舱口。

（b）每个应急出口必须能从内外两侧开启，但如果从飞行机组区域能方便而迅速地接近其他经批准的出口，则该区域的滑动窗户应急出口不必能从外侧开启。在下列条件下，当机身无变形时必须能打开每个应急出口：

（1）飞机处于正常地面姿态，和在一根或几根起落架支柱折断时的每一种姿态；

（2）从开门装置启动到出口完全打开，不超过10秒钟。

（c）开启应急出口的措施必须简单明了，且不得要求特别费力。飞行机组应急出口可以采用按顺序多次操作（如操作双手柄或多个锁闩，或解开几个保险钩）的内部开启措施，前提是：有理由认定这些措施对于受过使用训练的机组成员是简单明了的。

（d）如果在应急情况下操作一个以上出口的主系统是单个的助力或单个动力操作系统，则每个出口必须能在主系统失效的情况下满足本条（b）的要求。主系统失效后对出口进行人力操作是可以接受的。

（e）每个应急出口必须用试验，或分析结合试验，来表明满足本条（b）和（c）的要求。

（f）必须有措施锁定每个应急出口并保险，防止在飞行中被人无意地或因机构损坏而打开。此外，打开时首先向外运动的每个应急出口，必须有措施使机组成员能对门锁机构进行直接目视检查，以确定是否完全锁定。

（g）必须有措施使应急出口在轻度撞损着陆中因机身变形而被卡住的概率减至最小。

（h）对于任何大型涡轮喷气客机，中国民用航空总局有关营运规定所要求的每个机腹型出口和尾锥型出口必须符合下列规定：

（1）其设计和构造应使在飞行中不能将其打开；

（2）在靠近出口开启措施的醒目位置，设置从相距 760 毫米（30 英寸）处可辩读的标牌，说明该出口的设计和构造使其在飞行中是不能打开的。

〔中国民用航空总局 1995 年 12 月 18 日第二次修订〕

第 25.810 条 应急撤离辅助设施与撤离路线

（a）当陆上飞机起落架放下停在地面时，对于离地高度超过 1.83 米（6 英尺）的每个非机翼上方的 A 型、B 型和 C 型和任何其他的非机翼上方的应急出口，必须有经批准的设施协助乘员下地。

（1）每个旅客应急出口的辅助设施必须是自行支承式滑梯或等效设施，当为 A 型或 B 型出口时，该设施必须能同时承载两股平行的撤离人员。此外，辅助设施的设计必须满足下列要求：

（i）必须能自动展开，而且必须在从飞机内部启动开门装置至出口完全打开期间开始展开。但是，如果旅客登机门或服务门兼作旅客应急出口，则必须有手段在非应急情况下，从内侧或外侧正常打开时防止辅助设施展开；

（ii）除 C 型应急出口的辅助设施之外，必须能在展开后 6 秒钟内自动竖立。C 型应急出口的辅助设施必须要在应急出口的开启设施被启动后 10 秒钟内自动竖立。

（iii）在完全展开后，辅助设施的长度必须能使其下端自行支承在地面，并且在一根或几根起落架支柱折断后，能供乘员安全撤离到地面；

（iv）必须能够在风向最不利、风速 25 节时展开，并在完全展开后仅由一个人扶持，就能供乘员安全撤离到地面；

（v）对于每种辅助设施的系统安装（装在实体模型或飞机上），必须连续进行五次展开和充气试验（每个出口）而无失败。每五次上述连续试验中，至少有三次必须使用装置的同一个典型抽样来举行。各抽样在经受第 25.561（b）规定的惯性力后，必须能用该系统的基本手段展开和充气，如在所要求的试验中该系统的任何部分发生损坏或工作不正常，必须确实排除损坏或故障的原因，此后必须再进行完整的连续五次的展开和充气试验而无失败。

（2）飞行机组应急出口的辅助设施，可以是绳索或任何其他经过演示表明适合于此用途的设施。如果辅助设施是绳索或一种经过批准的等效装置，则必须满足下列要求：

（i）辅助设施应连接在应急出口顶部（或顶部上方）的机身结构上，对于驾驶员应急出口窗上的设施，如果设施在收藏后或其接头会减小飞行中驾驶员视界，则也可连接在其他经批准的位置上。

（ii）辅助设施（连同其接头）应能承受 1,765 牛（180 公斤；400 磅）的静载荷。

（b）每个位于机翼上方并具有跨下距离的 A 型、B 型出口必须有从座舱下到机翼的辅助设施，除非能表明无辅助设施的此型出口旅客撤离率至少与同型非机翼上方的出口相同。要求有辅助设施时，它必须能在出口打开的同时自动展开和自动竖立。对于 C 型出口，它必须要在出口的开启装置启动之后 10 秒钟内自动支承。对于其他类型出口，必须要在展开之后 6 秒钟内自行支承。

（c）必须制定从每个机翼上方应急出口撤离的撤离路线，并且（除了可作为滑梯使用的襟翼表面外）均应覆以防滑层。除了提供疏导撤离人流装置的情况外，撤离路线必须满足以下要求：

（1）A 型、B 型的乘客应急出口处的撤离路线，或两个 III 型乘客应急出口处的任何共用撤离路线，必须至少 1,066 毫米（42 英寸）宽。任何其他的乘客应急出口必须至少 610 毫米（24 英寸）宽；

（2）撤离路线表面的反射率必须至少为 80%，而且必须用表面对标记的对比度至少为 5：1 的标记进行界定。

（d）位于机翼上方的 C 型出口和所有那些当飞机放下起落架停在地面上，本条（c）要求的撤离路线在飞机结构上的终点离地面高度大于 1.83 米（6 英尺）时，必须要为撤离者到达地面提供辅助设施，并且：

（1）如果撤离路线经过襟翼，则必须在襟翼处于起飞或着陆位置（取离地高度较大者）时测量终点的高度；

（2）辅助设施必须能在一根或几根起落架支柱折断后，风向最不利、风速 25 节的条件下仍然可以使用并自行支承；

（3）供每条从 A 型、B 型应急出口引出的撤离路线使用的辅助设施，必须能同时承载两股平行的撤离人员。对任何其他类型的出口，其辅助设施能同时承载的撤离人员股数必须与所要求的撤离线路数目相同；

（4）供每条从 C 型应急出口引出的撤离路线使用的辅助设施，必须能在出口的开启机构被启动后 10 秒钟内自动竖立，对于任何其他类型的出口，其辅助设施必须在竖立系统启动之后的 10 秒钟内自动竖立。

〔中国民用航空总局 1995 年 12 月 18 日第二次修订，中国民用航空总局 2001 年 5 月 14 日第三次修订〕

附录 J 应急撤离演示

必须使用下述试验准则和程序来表明符合第 25.803 条：

（a）必须在飞机应急照明系统工作之前外部灯光水平不超过 3.229 勒（0.3 英尺烛光）的条件下进行应急撤离演示。在实际演示过程中初始外部灯光水平可以保持或照亮。然而，不得增加外部灯光水平，除非由于启动了飞机应急照明系统。

（b）飞机必须处于起落架放下的正常姿态。

（c）除了飞机装备有从机翼下地的设施之外，可以利用台架或跳板从机翼下到地面。可以在地板或地面上放置安全设备（如垫子或翻转的救生筏）保护参加者。不得使用不属于飞机应急撤离设备的其它设备来协助参加演示者下到地面。

（d）除本附录（a）规定者外，只可以使用飞机应急照明系统提供照明。

（e）必须装齐飞机计划运行所要求的一切应急设备。

（f）每个内部舱门或帘布必须处于起飞时的状态。

（g）每个机组成员必须坐在通常指定的起飞时的座位上，并且直至接到开始演示的信号为止。他们必须是具有使用应急出口和应急设备知识的人，倘若还要演示对于中国民用航空局有关营运规定的符合性，则还需证明他们是正规定期航班的机组成员。

（h）必须按下列规定由正常健康人组成有代表性的载客情况：

（1）至少 40% 是女性；

（2）至少 35% 是 50 岁以上的人；

（3）至少 15% 是女性，且 50 岁以上；

（4）旅客携带 3 个真人大小的玩偶（不计入总的旅客装载数内），以模拟 2 岁或不到 2 岁的真实婴孩；

（5）凡正规担任维护或操作飞机职务的机组人员、机械员和训练人员不得充当旅客。

（i）不得对任一旅客指定专门的座位，但中国民用航空局适航部门有要求者除外。除本附录（g）规定者外，申请人的雇员不得坐在应急出口旁边。

（j）必须系紧座椅安全带和肩带（如果有要求）。

（k）开始演示前，必须将总平均量的一半左右的随身携带行李、毯子、枕头和其它类似物品分放在过道和应急出口通道上的若干地点，以造成轻微的障碍。

（l）不得向任何机组成员或旅客预示演示中要使用的特定出口。

（m）申请人不得对参加演示者进行演示的训练、排演或描述，任何参加者也不得在演示前的六个月内参加过这种性质的演示。

（n）在进入演示航空器之前，可以劝告旅客遵循机组成员的指导，但是除了演示所需的安全程序或在演示地点必须做的说明之外，对演示中要遵循的程序不得加以说明。在开始演示前，可以对旅客作中国民用航空局有关营运规定要求的起飞前的简介。飞行机组可以遵循经批准的培训大纲在滑梯的底部协助人员，以帮助演示。

（o）必须配置飞机以避免在开始演示前向飞机上参与演示的人员暴露将供使用的应急出口。

（p）演示中使用的出口必须符合每一对出口中的一个出口。如果配有滑梯，演示可以使用充好气的滑梯并且在开始演示时出口处于打开的状态。在该情况下，必须配置所有的出口使得不会向参与人员暴露要使用的出口。如果使用这种方法，必须计及每一出口所用的出口准备时间，并且在开始演示前不得表明演示中不使用的出口。要使用的出口必须是飞机所有应急出口的代表性出口，并且必须由申请人指定并经中国民用航空局适航部门批准。必须至少使用一个与地板齐平的出口。

（q）除本附录（c）规定者外，所有撤离者必须借助属于飞机的撤离设备离开飞机。

（r）在演示中必须完全执行申请人的经过批准的程序，但飞行机组不得主动对舱内其他人员提供协助。

（s）当最后一名机上乘员撤离飞机并下到地面后，撤离时间即告结束。如果台架或跳板的撤离容纳率不大于实际撞损着陆情况下用来从机翼下地的机上可用设施的撤离容纳率，则当使用本附录（c）所允许的台架或跳板的撤离者处于台架或跳板上时，即认作已到地面。

〔中国民用航空总局 1995 年 12 月 18 日第二次修订，交通运输部 2016 年 3 月 17 日第四次修订〕